FACE À UNE BÊTE SAUVAGE

Carnets parallèles

Des livres qui passent de poche en poche, comme des carnets sur lesquels on peut griffonner au gré de la lecture : voilà ce qu'ont dit les fées sur le berceau de cette petite collection souple, née de la volonté de voir la pensée circuler, le plus loin possible, sous le manteau ou dans la manche, suivant le pas alerte de lecteurs occupés à faire commerce d'idées, à débattre, à se raconter des histoires, à jouer et à apprendre.
Une petite collection à cheval entre les idées et le pratique, résolument vivante et amusante, qui rend concrètes les grandes questions.
On y entre, en somme, par la petite porte, pour en sortir par la grande.

ISBN : 978-2-85061-081-3

www.premierparallele.fr

Joëlle Zask

FACE À UNE BÊTE SAUVAGE

Illustrations de Chloé Bouchaour

Premier Parallèle

Il y a une quinzaine d'années, alors qu'en compagnie de deux de mes fils, je cherchais, à travers un quartier à l'abandon, mon chemin vers le Vatican, un chien errant nous a attaqués. Nous l'avions repéré de loin. C'était une grande bête droite sur ses pattes, la tête haute, agressive, qui semblait vouloir nous barrer le passage. Il faut croire que nous avons trop longtemps hésité à faire demi-tour. Le chien a chargé. M'interposant entre lui et mes enfants, j'ai riposté en poussant de grands cris. L'animal a lâché le pan de mon manteau qu'il avait réussi à attraper, puis a légèrement battu en retraite, le temps que nous le dépassions. La peur est venue après. Sur le moment, j'ai abandonné tout effort réflexif et mobilisé toute mon énergie pour simplement faire front.
Cette expérience, je la revis parfois encore en esprit, sans pour autant être capable d'en tirer

une connaissance quelconque. Ma « victoire » d'alors me semble pur coup de chance. Je ne sais pas vraiment ce qui dans mon comportement a découragé ce chien de nous mordre. Je serais sans doute incapable de rassembler volontairement les mêmes forces si de telles circonstances venaient à se reproduire.

Face au chien errant, j'ai bricolé une attitude. Et j'ai réalisé l'étendue de mon ignorance. Cette ignorance s'étend aux animaux sauvages que je croise dans mon quartier, mais aussi aux animaux domestiques dont je mange la viande et aux animaux familiers qui ont partagé mon foyer. Il m'est arrivé par exemple d'être agressée sauvagement par mon chat au beau milieu d'une séance de caresses. Je me souviens aussi du berger allemand de mon enfance qui parfois, sans crier gare, retroussait ses babines sur ses dents étincelantes. Un grondement menaçant montait de sa gorge. Il lui arrivait de faire claquer ses dents. C'était l'avertissement suprême.

On croise de plus en plus d'animaux sauvages dans les zones urbaines*. Certains sont parmi

* Pour en savoir davantage, on pourra lire l'essai que j'ai consacré à ce phénomène, *Zoocities. Des animaux sauvages dans la ville* (Premier Parallèle, 2020).

nous depuis longtemps ; d'autres arrivent depuis peu, parfois en masse. On peut parier qu'ils seront de plus en plus nombreux à le faire, soit parce que leur environnement naturel est détruit, soit parce qu'ils intègrent l'espèce humaine dans leur écosystème et en tirent parti.
Ce petit livre aux allures de manuel propose au lecteur d'aller à la rencontre d'une dizaine de bêtes qui résident parfois sous d'autres latitudes – on croise peu de serpents ou de pumas dans les rues de Paris ou de Lyon –, parfois tout près – comme les sangliers, les corneilles, les moustiques ou les rats. On peut les trouver en plein centre-ville, comme ces hordes de coyotes à Chicago, ou en périphérie, mais toujours à proximité. Certains s'installent, d'autres ne font que passer. L'avenir de la ville serait-il celui d'une jungle urbaine ?
De plus en plus souvent, la rencontre avec ces nouveaux voisins s'apparente à une confrontation, comme celle que j'ai vécue avec mes enfants. Que le danger soit réel ou imaginaire, cette confrontation provoque une situation d'urgence. Tandis que le sentiment d'un danger fait refluer nos tendances anthropocentristes, l'attitude d'un animal potentiellement hostile met en lumière les limites d'un zoocentrisme global.

À la place se profile, sous les projecteurs d'une lumière crue, notre méconnaissance du monde animal. Notre ignorance, comparable à celle qui est la nôtre face aux plantes, aux légumes, aux fruits, se révèle un problème sanitaire, écologique, moral. « Savoir y faire avec la nature », voilà un trésor perdu qui nous rend vulnérables au moindre accident. De même que nous serions bien déboussolés si, en raison d'une crise économique ou d'une disette, il nous fallait produire nous-mêmes notre nourriture, il pourrait nous arriver de regretter que ni l'école ni notre environnement ne nous aient rien appris quant à la manière de réagir face à un animal hostile.

La confrontation avec un animal sauvage est une situation passionnante, car elle retourne la perspective : ces animaux que nous appréhendons du haut de ce que nous pensons être notre stature humaine, pour les observer, les protéger, les traquer, les chasser, les éradiquer, les dompter, n'en sauraient-ils pas, finalement, plus sur nous que nous sur eux ? Car ce sont eux qui nous observent avec une acuité déconcertante, telle cette corneille bien décidée à venger la mort de sa compagne de vie. Ils apprennent de nous, identifient et imitent nos habitudes, tels ces macaques qui confisquent précisément l'objet auquel nous tenons le plus et ne nous le restituent qu'en échange d'un don de nourriture ; et ils nous agressent, tels ces éléphants qui s'énervent quand ils identifient l'idiome des braconniers d'ivoire qu'ils distinguent des autres langues.

Au-delà de l'aspect utile et peut-être un peu provocateur d'un tel guide, c'est pour explorer ce retournement que j'ai choisi de parler, à travers une dizaine de bêtes emblématiques dont la liste pourrait être considérablement allongée, des conflits entre les hommes et les animaux. En s'attaquant à nous, les animaux sauvages révèlent nos mœurs et en soulignent les défauts. Nous qui pensons, au moins inconsciemment, dominer la nature, nous faisons, face à une bête surgie de nulle part, l'expérience brutale de notre fragilité. Rien en nous n'impose naturellement le respect et la crainte. À l'unisson avec la philosophe écologiste Val Plumwood, qui a relaté en 1985 sa rencontre avec un crocodile qui a failli lui être fatale, nous avons tendance à croire qu'en cas d'attaque, « il y a dans ce qui est en train de se produire quelque chose d'incroyablement anormal, de foncièrement aberrant, *comme s'il y avait erreur sur la personne*[1] ». Paradoxalement, tandis que les animaux s'ajustent rapidement à des conditions de vie parfaitement nouvelles pour eux, notamment à la vie urbaine, nous nous accrochons à des symboles d'un autre âge, à des habitudes figées, à des croyances périmées. Apprendre à se comporter face à une bête sauvage, ce n'est pas seulement se prémunir contre une piqûre, une morsure ou un coup de griffe. C'est s'ajuster à ce que les animaux savent de nous ; et c'est remettre en question la place que nous accordons aux humains parmi eux.

FACE À UNE CORNEILLE

FICHE D'IDENTITÉ

Espèces
corneilles d'Amérique
et corneilles européennes et
asiatiques (dites « noires »)

Habitat
un peu partout
dans le monde

Espérance de vie
30 ans

Mode d'attaque et de défense
coups de bec sur la tête

Dans quasiment chaque ville de la planète nichent des corneilles. Les unes « noires », en Europe et en Asie, les autres dites « d'Amérique ». Ce sont des oiseaux au plumage luisant, à l'œil perçant, à la vaste envergure. Un petit bouquet de plumes en bataille à la base de leur bec puissant permet de les distinguer des diverses espèces de corbeaux existantes. Ces oiseaux se sont aussi bien adaptés à toutes les latitudes que les êtres humains qu'ils suivent dans leurs déplacements. Ils le font si systématiquement et depuis si longtemps qu'on peut parler à l'égard de ces deux espèces d'une « coévolution culturelle[1] ». Pour autant, quiconque assiste à l'un de leurs grands rassemblements ne peut s'empêcher d'éprouver une certaine inquiétude.

Les corneilles sont omnivores. Dans les champs, on les maudit pour leur avidité en matière de semences : on dit qu'elles picorent les graines au fur et à mesure des semailles. Quand ces graines sont trop profondément enfouies, elles attendent la germination et utilisent la pousse comme un levier pour les atteindre. En ville, les corneilles se nourrissent principalement de détritus qu'elles trouvent dans les rues ou les poubelles mal fermées. Pourquoi, depuis les années 1970, y sont-elles de plus en plus nombreuses ? Plusieurs hypothèses se font concurrence : la chaleur qui leur convient durant l'hiver, l'éclairage nocturne qui leur permet de mieux repérer les rapaces qui les attaquent, la stabilité des arbres urbains qui leur assure un perchoir permanent, l'abondance d'abris comme des coins de terrasse ou des cheminées désaffectées qui leur servent de nichoir, l'absence de prédateurs et, bien sûr, l'abondance de nourriture facilement accessible.

Jusque-là, tout va bien. Malgré leur croassement et la noirceur de leur plumage, les corneilles jouissent d'une assez bonne réputation. Depuis l'Antiquité, leurs capacités cognitives et leur longévité suscitent l'admiration. Mais elles ont aussi souvent été associées à la mort. On les voit par exemple figurer en bonne place dans le tableau *Le Triomphe de la Mort* (1562) de Brueghel l'Ancien. Dans la Grèce antique, elles avaient la réputation de crever les yeux. Il y a chez elles une agressivité intrépide dont les manifestations ne manquent jamais de rappeler le célèbre film de Hitchcock, *Les Oiseaux*.

De fait, on ne compte plus les attaques de corneilles sur les chiens, les brebis, dont il leur arrive de crever les yeux, et, bien sûr, les êtres humains. Leur tactique est bien identifiée :

isolées ou par groupes, elles montent la garde depuis les hautes branches des arbres et fondent de dos sur leur victime qu'elles frappent de leur bec puissant sur l'arrière ou le côté de la tête. Dans certaines villes, ces attaques sont si énergiques que la municipalité emploie clandestinement des tireurs d'élite pour éliminer les individus les plus agressifs. Shiva Kevat, un habitant d'une ville du centre de l'Inde, raconte que, depuis trois ans, sa vie est devenue un enfer : « J'ai peur de sortir de chez moi pendant la journée, dit-il. Les corneilles m'attaquent brutalement et parfois même me blessent[2]. » Même histoire à Ramat Hasharon, une ville située en Israël. Depuis une longue semaine, Shimshon Badash subit les attaques répétées d'une corneille qui vit non loin de sa maison. Il ne sort plus de chez lui qu'équipé d'un casque et d'un parapluie : « J'ai besoin d'aide, dit-il. Je n'ai plus de vie. Je vis comme dans un film d'horreur. » À Vancouver, on ne compte plus les oiseaux délinquants, comme en témoigne cette victime : « Cette corneille me terrorise. Chaque fois que je quitte ma maison, elle est là et essaie de me sauter dessus. Elle m'attend sur le pare-brise de ma voiture, prête à bondir. Je n'entre et ne sors de ma maison qu'en courant. » Cette expérience éprouvante est si courante à Vancouver qu'afin d'en comprendre les modalités, une carte interactive baptisée Crow Trax a été mise en ligne[3]. Elle permet aux victimes de décrire les détails de leur mésaventure et de mieux localiser les oiseaux fautifs. La carte, qui depuis a été étendue au monde entier, sert de tremplin à la création de groupes de parole rassemblant des personnes que le piqué de corneilles sur leur tête a traumatisées. Bien que les blessures que ces dernières infligent soient la plupart du temps superficielles, la soudaineté et la brutalité de leurs attaques laissent de très mauvais souvenirs, surtout quand en plus du coup de bec, leurs pattes se prennent dans vos cheveux.

En cas d'attaque

Alors, comment réagir si des corneilles vous prennent en grippe ? La recommandation générale est de s'éloigner le plus vite possible de la zone défendue. La technique des corneilles ne consiste pas à blesser. Elle relève plus de l'intimidation et du harcèlement. La plupart du temps, il suffit donc d'effectuer une dizaine de pas pour que la corneille soit rassurée et que cesse l'agression. Mais il arrive qu'elle s'acharne sur sa victime. Dans ce cas, il est conseillé de lui faire face et de la fixer du regard. Car quand elle se sait observée, son comportement change. Comme elle se trouve dans l'incapacité d'exercer l'effet de surprise qui est au cœur de sa stratégie, elle se sent mal à l'aise et elle-même exposée à un assaut. Cela peut la décourager. Bien sûr, le plus simple est d'éviter la zone dangereuse, mais si cela s'avère impossible, alors mieux vaut se faire un chignon si on a les cheveux longs, mettre un casque – qui dans l'idéal serait orné d'un dessin de grands yeux sur l'arrière –, ou se munir une casquette de base-ball et d'un parapluie[4]. C'est le cas partout à Vancouver, où il est exclu pour la municipalité de détruire les nids ou les œufs.

Apprendre à vivre avec les corneilles

Afin d'éviter le désagrément d'un coup de bec, il faut savoir que chez les corneilles, le sens de la famille est extrêmement développé. Les couples sont formés à vie et les jeunes passent en moyenne six ans avec leurs parents. Rien ne déclenche donc plus leur agressivité que la crainte qu'on s'en prenne à leur nid, à leurs œufs ou à leurs oisillons. Les nichoirs sont haut perchés dans les arbres. Quiconque, homme ou bête, s'en approche durant une période qui va de mars à mai dans l'hémisphère Nord s'expose au risque d'être pourchassé. Si ces oiseaux s'adonnent à la coopération en matière de reproduction et de recherche de nourriture, ils sont également solidaires pour châtier la personne dont ils estiment qu'elle est responsable de la mort de l'un d'entre eux. Comme en outre, ils sont dotés d'une excellente mémoire, d'une grande capacité de reconnaissance faciale et d'un caractère rancunier, tous les ingrédients sont réunis pour que votre vie se transforme en enfer. C'est ce qui est arrivé à Shimshon Badash de Ramat Hacharon : en voulant éloigner de sa maison un oisillon tombé du nid qui s'égosillait dans son jardin, il a déclenché la série noire dont il se plaint plus haut dans ce chapitre. Quant à Shiva Kevat, sa vie est devenue cauchemardesque le jour où l'oiseau qu'il a tenté de dégager d'un filet dont il était prisonnier a succombé à ses blessures. Le groupe de corneilles qui l'a observé durant l'opération le harcèle depuis trois ans.

Il est donc fortement conseillé de ne jamais tenter quoi que ce soit au profit d'une corneille, jeune ou moins jeune, qu'elle soit tombée du nid ou blessée, car le risque de soulever l'ire de sa famille est grand. Et ce d'autant plus que, comme l'a démontré une équipe de chercheurs travaillant sur l'intelligence des corneilles, ces dernières non seulement se souviennent parfaitement du visage de leur supposé agresseur, mais, en outre, transmettent ce savoir à la génération suivante[5].

Il y a une autre raison à l'agressivité des corneilles : c'est la demande de nourriture auprès de ceux qui leur en ont déjà donné. Leur comportement est alors différent de celui qu'elles adoptent pour protéger leur progéniture. Au lieu de rester hors de vue pour vous surprendre par-derrière, elles se positionnent en plein dans votre champ de vision et attendent un don. Les nourrir une première fois expose au risque qu'elles s'enhardissent rapidement et reviennent ensuite à la charge, distribuant croassements et coups de bec.

On pourrait penser une fois encore qu'éradiquer les corneilles est le meilleur moyen d'éviter leurs attaques répétées. Derechef, ce n'est pas le cas. Les empoisonner conduit à empoisonner d'autres espèces, tandis que faire appel à un tireur d'élite est non seulement éthiquement suspect, mais aussi dangereux pour le voisinage. La prolifération et la convergence de ces oiseaux vers les villes sont liées à la question de la nourriture. C'est cette question qu'il faut régler afin de voisiner cordialement avec ces oiseaux qu'on surnomme ici « singes volants » en raison de leur intelligence et là « créatures célestes diaboliques et surdouées ».

Petite philosophie de la corneille : vers la ville durable

La profusion de corneilles signale un mode de vie urbain non durable en termes de santé publique, de recyclage, d'hygiène. Dans de nombreuses études, notamment en Malaisie, leur présence soigneusement quantifiée est utilisée comme un indicateur social et sanitaire précis d'abandon et de négligence[6]. C'est dans les quartiers les plus sales et les plus jonchés d'ordures qu'elles abondent. Plus les municipalités et les habitants prennent soin de leur environnement, moins nombreuses elles sont, et plus la coexistence avec elles va de soi. Sous l'angle des corneilles, l'équation entre la présence animale et l'écologisation de la ville ne tient pas. Au contraire, les environnements urbains perturbés par le bruit, l'agitation, les constructions, la désorganisation, se révèlent particulièrement attractifs.

Les vieux mythes qui font de ces oiseaux des symboles de mort, de guerre, de maladie et de décadence civilisationnelle semblent pouvoir s'appliquer à nouveaux frais. Fermer hermétiquement les poubelles, proscrire les décharges à ciel ouvert et les dépôts d'ordures sauvages, équiper les villes de bennes à déchets, revoir le design de ces dernières, recycler, nettoyer, voilà les meilleurs moyens de limiter leur population et, partant, les risques de rencontres malencontreuses. La ville durable est une ville dont les habitants prennent soin de leur environnement. Il est d'ailleurs ironique qu'un peu partout dans le monde, on dresse des corneilles et des corbeaux à ramasser les ordures, notamment les mégots de cigarette, non seulement pour nettoyer les rues, mais aussi pour donner l'exemple et éduquer les gens à respecter leur milieu. En attendant la progression des bonnes pratiques, on peut tenter de combiner plusieurs stratégies, comme tailler le houppier des arbres, disposer des CD miroitant dans les branches, diffuser l'enregistrement de cris de corneilles en détresse et adopter à leur égard une attitude dissuasive, sans pour autant, bien sûr, se faire trop remarquer d'elles.

FACE À UN SANGLIER

FICHE D'IDENTITÉ

Espèces
16 sous-espèces, dont le sanglier d'Eurasie ou d'Europe et le sanglier de Corse

Habitat
de l'Europe à l'Asie et l'Afrique du Nord. A été introduit en Amérique

Espérance de vie
10 ans

Population
2 millions en France

Mode d'attaque et de défense
lacérations

Tout chez les sangliers évoque la compacité de la masse : un poil dru, une forme trapue, une énorme tête en forme de trapèze, un groin digne d'un excavateur équipé de canines surdéveloppées – dont celles du bas, les défenses, s'aiguisent en permanence au contact de celles du haut, les grès, ce qui les rend extrêmement acérées. Malgré cette allure revêche, ce sont, dans leur environnement naturel, des animaux plutôt craintifs et inoffensifs. Le sanglier, chassé depuis des millénaires, comme en témoignent certaines peintures rupestres, associe l'être humain à un prédateur et s'en méfie. Animal crépusculaire, il est rare d'en voir surgir un de derrière un bosquet. Et si cela arrive, il est conseillé de bien profiter du spectacle, sans bouger, et en se méfiant seulement de ne pas déranger une laie accompagnée de ses marcassins, toujours encline à défendre sa progéniture. Selon Caroline Étienne, auteure d'un ouvrage de référence sur cet animal surnommé au Moyen Âge la « bête noire » tant il semblait, à tort selon elle, redoutable : « Le sanglier ne s'intéresse pas à nous et, lorsqu'il détecte notre présence, grâce à son ouïe et à son odorat très développés, il préfère largement fuir[1]. »

Mais le sanglier se comporte-t-il de la même manière à la ville ? Rien n'est moins sûr. Le 1er novembre 2019, un sanglier qui semait la zizanie dans la ville de Poulx, du côté de Nîmes, a dû être abattu : il avait pris l'habitude de charger les passants, les voitures et les chiens qu'il croisait. Selon Stéphane Liberi, le chef de la police municipale, « il fallait agir, la laie était tous les matins non loin de l'école, les enfants allaient croiser son chemin, ne serait-ce que pour aller prendre le bus. Son comportement était déviant, nous n'avions pas le choix[2]. » Une scène similaire s'est déroulée récemment à Cahors, où un sanglier fou a semé la terreur en chargeant les passants. Au bout de trente minutes, après avoir blessé deux personnes, il a été abattu par un louvetier.

Ces cas ne sont pas aussi isolés qu'on pourrait le croire. En s'installant en ville, les sangliers semblent se défaire de leur discrétion et de leur comportement craintif. Ils sont parfois réputés prendre le pouvoir. À Mont-de-Marsan, Barcelone, Berlin, Haïfa, Houston, Rome, Singapore et Hong Kong, où des personnes ont dû être hospitalisées après avoir été chargées et pourfendues, les mêmes questions reviennent : que faire face à cet encombrant envahisseur qui se reproduit rapidement, pèse jusqu'à 200 kg et atteint une vitesse de 50 km/h quand il charge ? Comment se protéger de ses défenses aiguisées comme des lames s'il attaque ?

En cas d'attaque

À la campagne, il suffit de rester calme, de garder ses distances, de s'éloigner lentement, de ne pas crier, et de contourner la harde s'il y en a une. Si par malchance un sanglier charge, par exemple parce qu'il a été blessé par un chasseur, il convient alors de courir en zigzag (c'est la tactique de l'antilope) ou de grimper lestement à un arbre, à plus d'un mètre cinquante s'entend.

Mais dans un environnement urbain, les circonstances sont différentes. D'une part, les sangliers urbains sont beaucoup moins farouches que leurs congénères des champs. Ils sont en ville « comme chez eux », remarque le spécialiste Pierre Migot[3]. Le « paysage de la peur » qui est le leur est entièrement modifié. Leur distance de fuite, c'est-à-dire la distance qui sépare la zone dans laquelle ils se sentent en sécurité, est divisée par trois. C'est dire que la « zone critique », à savoir la zone dont le franchissement provoque une panique, puis une charge, est difficilement identifiable. D'autant qu'elle est aussi fonction des possibilités d'échappatoire en cas d'agression. En général, l'animal pèse le pour et le contre : il fait un compromis entre son goût prononcé pour la nourriture et ce qu'il perçoit comme un danger, en vous surveillant du coin de l'œil. Mais il se trouve qu'en ville, les portes de sortie sont moins nombreuses que dans les bois. Les sangliers se sentent acculés et chargent, tête baissée, canines dressées. Si le fameux sanglier balte en goguette sur une plage en Pologne a blessé plusieurs baigneurs, c'est parce qu'il a buté sur une palissade qui séparait la plage de la campagne. La panique l'a rendu fou furieux.

Afin d'éviter une attaque, il convient évidemment de rester calme (c'est la consigne universelle !) et de tout faire pour ne pas énerver davantage l'animal en lui ménageant une échappatoire, en proscrivant l'usage du flash de l'appareil photo qui l'énerve considérablement, en faisant profil bas, en retenant son chien. Encercler un sanglier est le pire qu'on puisse faire. Une fois l'attaque lancée, la marge de manœuvre est hélas assez réduite. La recommandation générale est celle-ci : rester debout. Car les sangliers tentent de faire trébucher leur victime afin de la pourfendre à volonté lorsqu'elle est à terre. Si, après l'attaque initiale, la victime montre encore des signes de mouvement, le sanglier recule et charge à nouveau. Sur la vidéo du sanglier balte, on voit l'animal s'éloigner après chaque charge et foncer derechef sur qui bouge. En restant debout, on limite les risques de lacération aux jambes. Si tout cela échoue, alors il faut riposter en recourant à n'importe quel moyen : bâton, outil, mains nues, etc.

Apprendre à vivre avec les sangliers

Une fiche indiquant le comportement à adopter face à un sanglier devrait en vérité comporter davantage de mesures de prévention destinées à limiter leur prolifération et à les tenir à l'écart des villes que de conseils tactiques. Outre d'éventuelles blessures, cela permettrait d'éviter de nombreux dommages, dont des collisions fatales et les dégâts considérables dont ils sont les perpétrateurs. Les sangliers, dotés d'un museau fouisseur, sont en effet capables de retourner les pelouses les plus soignées, de déterrer les arbrisseaux, d'éventrer les poubelles, de ravager les potagers. Si leurs activités s'avèrent fort utiles à la reproduction et à la pousse des végétaux en forêt (on leur attribue principalement la capacité de déraciner, telle une motobineuse, les fougères qui autrement étoufferaient les jeunes arbres, jouant alors le rôle d'un « éco-guerrier animal[4] »), elles ne présentent plus, en ville, que des inconvénients, dont la capacité de disséminer plusieurs maladies transmissibles à l'homme (tuberculose, hépatite E et grippe porcine) n'est pas la moindre. La solution la plus raisonnable serait-elle d'opter pour l'euthanasie des animaux en surnombre ? Cela n'est ni souhaitable ni possible. Malgré le risque que représente ce qu'on appelle à Barcelone « la bombe du sanglier », les gens, y compris à Berlin, à Hong Kong ou à Singapour, où les sangliers sont légion, ne sont en majorité pas favorables à leur extermination, quelle que soit la méthode employée. Les défenseurs de la cause animale ne sont pas en reste et, face aux lobbys des chasseurs, ils opposent une stricte fin de non-recevoir. C'est le cas par exemple à Avignon où, face à la municipalité qui autorise les « prélèvements » de sangliers par tir à l'arc à la tombée de la nuit, circulent des pétitions soutenues, entre autres, par la SPA du Vaucluse et l'association Sentinelle éthique animale.

Les amis des sangliers tolèrent à la limite la stérilisation des jeunes femelles (sachant que chacune peut mettre bas deux portées de six ou sept petits par an, et ce pendant une dizaine d'années); mais, le plus souvent, ils ne jugent acceptable que la translocation des animaux vers des espaces naturels. Or l'exercice est difficile. D'une part, s'ils ont quitté ces espaces, c'est parce qu'ils n'y trouvent plus ce dont ils ont besoin. Dans la région d'Avignon, c'est la sécheresse qui les pousse hors des bois. D'autre part, les sangliers ont une excellente mémoire et reviennent diligemment à leur point de départ. Comme les ours, ils ont tôt fait de réintégrer les sites où la nourriture est abondante et facile d'accès.

Il y a une autre raison de douter de notre capacité à juguler la marée porcine : les sangliers ne sont pas si commodes. Comme en témoignent les exemples déjà cités, si beaucoup d'individus sont imprévisibles, d'autres font preuve d'un discernement étonnant. Il ne faudrait pas sous-estimer leur intelligence ni leurs capacités d'adaptation à l'environnement urbain, qui sont remarquables. Leur facilité à apprendre est si grande qu'ils sont selon les spécialistes « un excellent modèle vivant pour étudier l'ajustement des animaux

à l'urbanisation[5] ». Les mesures d'éloignement, qu'il s'agisse de clôture, d'ultrasons, de goudron, de décharges électriques, de battues, etc., se révèlent rapidement inopérantes.
Pour éviter que les sangliers s'installent en ville, la meilleure stratégie consiste à cesser complètement de leur donner à manger. Car, pour le sanglier, la nourriture est absolument déterminante. Il peut sans regret sacrifier son abri et sa tranquillité pour s'installer dans une zone d'abondance. Une zone dans laquelle, par exemple, les gens lui donnent intentionnellement à manger, font pousser des plantes dont il raffole ou, tout simplement, ne veillent pas à bien fermer les bennes à ordures. En ville, les sangliers se gavent, ayant pour habitude d'ingurgiter toute la nourriture disponible. Ce faisant, ils développent des pathologies alimentaires, les uns devenant obèses, les autres malades, d'autres démesurément gloutons. Le résultat, c'est qu'ils se reproduisent plus vite, ne rencontrant plus la limite que sont les prédateurs et la saisonnalité des aliments dans la nature, et pullulent. Habitués aux mains charitables qui leur tendent des aliments, ils perdent toute crainte. C'est le cas à Hong Kong, déplore Chan Po Lam : « Les gens donnent à manger aux animaux sauvages

par gentillesse, mais cela les encourage à se rendre dans les endroits habités. » Véronique Che, membre du Groupe de protection des sangliers sauvages de Hong Kong, estime ainsi que les problèmes liés aux sangliers sont en fait créés par l'homme[6].

Petite philosophie du sanglier : un conflit qui oppose des humains

Les conflits qui naissent entre les êtres humains et les animaux sont en fait bien souvent des conflits qui opposent divers groupes d'habitants dont les philosophies de l'animal sont antithétiques. Alors qu'il conviendrait d'appliquer, selon M. Ong, « la règle de non-alimentation », les cas de nourrissage volontaire abondent à Berlin, à Barcelone, en France, où même les chasseurs distribuent du grain aux sangliers pour les maintenir sur le territoire qui leur revient (on appelle cela l'agrainage). Nourrir les animaux ou « prélever » les individus en surnombre témoigne d'une même ambition de contrôle, l'une protectrice, l'autre éradicatrice, qui peine à atteindre les effets escomptés dans les deux cas. Bien au contraire, la situation qui s'ensuit est susceptible de nous échapper. Car les sangliers peuvent devenir offensifs ; et s'ils se nourrissent habituellement de graines, de glands, de tubercules et de jeunes plantes, il leur arrive aussi de manger de la viande fraîche. De la proie au prédateur, la distance est assez aisément franchie.

FACE À UN PUMA

FICHE D'IDENTITÉ

Espèce
puma, dit aussi lion de montagne, cougar

Habitat
Amérique du Nord et du Sud

Espérance de vie
8 à 10 ans

Population
environ 30 000 aux États-Unis

Mode d'attaque et de défense
morsures, coups de griffe

Il est rare que les pumas, qui sont des fauves d'une bonne soixantaine de kilos, attaquent des gens. Mais cela arrive de plus en plus fréquemment. C'est le cas dans l'État de Washington où, selon le *Seattle Times*, quinze attaques ont été répertoriées en 2018. Aucune n'a été mortelle, à l'exception de celle du 22 mai 2018, non loin de Seattle, qui a causé la mort d'un cycliste. Cela n'était pas arrivé depuis une centaine d'années. Le puma a été abattu afin de dégager le corps de sa victime.

Les pumas, appelés aussi cougars ou lions de montagne, vivent en Amérique. Dans l'ouest des États-Unis, ils seraient environ trente mille à l'heure actuelle. Ce sont des animaux discrets et solitaires. Mais comme les zones urbaines s'étendent et que les humains se rapprochent de leur territoire, lequel est très vaste, leur comportement change. Les voilà qui entrent en ville et, parfois, s'y établissent. On les voit ainsi régulièrement apparaître dans les rues de San Francisco, Los Angeles, Seattle ou Edwards. Il y a quelques années, un grand puma équipé d'un collier de repérage GPS s'est terré, pendant neuf heures, derrière une haie dans une rue très fréquentée de Mountain View, à quelques mètres des piétons et des cyclistes. Une autre fois, c'est dans une tour de bureaux de San Francisco que l'on a retrouvé un jeune puma désorienté qui avait erré dans les rues pendant deux jours. Il a été capturé et relâché dans la nature. Le maire d'Edwards, dans le Colorado, est inquiet : depuis 2019, sa ville a reçu la visite de dizaines d'entre eux et il observe que leur peur « naturelle » de l'homme semble refluer[1]. Les animaux les plus âgés qui peinent à attraper leurs proies habituelles, à savoir les cerfs, se tournent vers des proies plus faciles, comme les chiens, le bétail, les animaux de compagnie – pourquoi pas les gens ?, craint-on. Quant à ceux qui, parmi les plus jeunes, viennent d'atteindre leur taille adulte, ils sont encore aussi joueurs que des chatons et s'entraînent à chasser sous le regard encourageant de leur mère en coursant n'importe quel animal. La plupart des attaques que subissent les humains sont de leur fait. Elles ne sont habituellement pas mortelles, mais laissent un mauvais souvenir.

En cas d'attaque

Peut-on se fier à nos « instincts » ? La peur ancestrale des bêtes sauvages, notamment des fauves, subsiste quelque part dans les profondeurs de notre subconscient. Malgré des millénaires de civilisation, il en reste des manifestations tels les poils qui se hérissent, la dilatation des pupilles, l'augmentation du rythme cardiaque, la sudation. Ce sont là des réflexes liés à l'effet du stress, dont l'ensemble forme la « réponse combat-fuite[2] » *(fight-flight-freeze)*. Aucune de ces réponses n'est appropriée. Aussi étonnant que cela puisse paraître, les réflexes induits par notre cerveau reptilien ne sont pas les bons. Se figer ou faire le mort, c'est être perçu comme une proie aussi facile qu'une souris tétanisée entre les pattes d'un chat. Fuir excite le chasseur logé en l'animal, ce qui l'incite à vous poursuivre. Quant à combattre, c'est peine perdue.

Lorsque, à la campagne, vous repérez un puma sur votre route, il y a de grandes chances qu'il vous suive à la trace depuis une bonne demi-heure et qu'il veuille être vu, sans doute pour tester vos réactions. En ville, c'est un peu différent. En général, soit le puma s'est perdu et cherche à rejoindre son habitat, soit il est en raid nocturne, à la recherche de proies urbaines, soit il cherche à traverser son territoire, lequel représente une surface comprise entre 20 et 1 000 km^2, désormais morcelé par les autoroutes, les centres commerciaux ou les nouveaux quartiers d'habitation.

Dans les trois cas, il ne faut surtout pas se mettre à courir ni tourner le dos à l'agresseur potentiel. Il convient aussi d'éviter toute confrontation ou approche, ainsi que tous les mouvements brusques et rapides qui pourraient l'exciter. Que faire ? Rester calme, bien sûr, reculer lentement pour s'éloigner le plus possible sans pour autant donner l'impression de fuir, tout en maintenant un contact visuel intense, et se grandir le plus possible en se hissant sur la pointe des pieds et en levant les bras en l'air, idéalement en agitant un bâton, une veste, un vélo, n'importe quoi qui permette d'avoir l'air plus imposant que nature. Se pencher vers le sol pourrait inciter le puma à vous prendre pour l'un des animaux à quatre pattes qu'il a l'habitude d'attaquer. Si des enfants vous accompagnent, il faut impérativement les hisser sur vos épaules. La même règle s'applique aux chiens qu'il faut garder près de soi et si possible en hauteur.

Si l'animal persiste dans son approche, il est conseillé de pousser des cris tout en maintenant le contact visuel déjà établi, de faire le plus de bruit possible, de jeter vers lui tout ce qui vous tombe sous la main ; et s'il attaque, jouer son va-tout en lançant des coups de poing et de pieds vigoureux. Il faut finalement savoir que la retraite du puma face à un comportement dissuasif peut n'être que provisoire. Car celui-ci a pour habitude de reprendre immédiatement sa chasse à couvert, en guettant la moindre occasion de revenir à la charge.

Apprendre à vivre avec les pumas

Comme je l'ai dit, en cas de confrontation avec des animaux sauvages urbains, nos réactions primaires sont mauvaises conseillères. Seules les réactions secondaires, apprises, transmises, fondées sur des études et des comparaisons, permettent d'envisager une issue heureuse. Il en va d'ailleurs de même pour nombre d'animaux sauvages qui, eux aussi, apprennent au cours de leur existence individuelle à réagir dans le sens de leurs intérêts, notamment quand ils ont affaire aux humains dont ils étudient avec soin le comportement – comportement qui doit leur paraître tout aussi prévisible que l'est pour nous celui d'un chien –, afin d'en déceler les failles et se saisir de nouvelles opportunités. Je me souviens de ratons laveurs en Caroline du Sud qui avaient pour habitude de dévaliser les touristes. Ils savaient exactement à quel moment s'enfuir et à quelle distance se glisser sous un

buisson ou entre les branches d'un arbre pour se rendre inaccessibles. Ils se tenaient là, attentifs, goguenards, imperturbables, attendant leur heure.
En ce qui concerne les pumas, mieux vaut bien sûr éviter une rencontre dont l'issue est incertaine. Ceux qui vivent dans les quartiers que ces fauves traversent devraient donc prendre les précautions suivantes : faire beaucoup de bruit durant leurs déplacements entre le crépuscule et l'aube, installer une lumière extérieure, surveiller de près les enfants qui jouent dehors et les faire rentrer à la tombée de la nuit en leur expliquant pourquoi, supprimer la végétation derrière laquelle un puma pourrait se dissimuler et ne rien planter qui attire les cerfs et autres animaux qui sont leurs proies favorites ; rentrer les animaux familiers et ne pas leur donner à manger dehors.

Petite philosophie du puma : « corridoriser » la ville

Ce sont là, bien sûr, des pis-aller. L'idéal serait que les pumas puissent parcourir leur vaste territoire sans buter sur des constructions humaines et des barrages parfois infranchissables. À défaut, la meilleure solution consiste à aménager des corridors. En écologie, un corridor est une zone de passage entre plusieurs espaces naturels qui permet aux animaux sauvages de circuler librement pour fuir, se disséminer, migrer, chasser, se nourrir et rencontrer leurs congénères, parmi lesquels leurs partenaires de reproduction. Ces corridors existent dans les airs, dans les mers et les cours d'eau, sous terre et sur terre. Certains sont linéaires, comme peut l'être une route; d'autres sont discontinus, comme dans le cas d'une succession d'îlots refuges ou de bosquets; d'autres enfin consistent en des mosaïques de paysages variés. Tous jouent un rôle capital : grâce à eux, les populations de diverses espèces, mais aussi les individus d'une même espèce, entrent en contact. Par ailleurs, ils permettent aux milieux détruits d'être rapidement repeuplés d'espèces animales et végétales venues d'ailleurs. Privées de ces corridors, dont l'espèce humaine, très voyageuse, est elle-même une grande consommatrice, la plupart des espèces ne peuvent plus accomplir leur cycle de vie spécifique.

Or l'étalement urbain, les grandes infrastructures comme les rails, les canaux et les autoroutes, l'agriculture extensive, l'exploitation minière, etc., qui morcellent le paysage et isolent les milieux naturels, sont autant d'obstacles aux déplacements non seulement des animaux, mais aussi des plantes dont la dissémination des graines est essentielle. Il nous faut donc aménager des passages sous forme de passerelles, souterrains, haies[3]... À défaut, les pumas sont tout simplement voués à disparaître d'ici à une cinquantaine d'années. Dans l'ouest des États-Unis, l'affaire est entendue. Des ponts écologiques ont été créés autour de Los Angeles, qui leur permettent de traverser la métropole et de bénéficier d'une plus grande diversité d'itinéraires. Vers Santa Clara par exemple, les acteurs du « projet Puma » ont conçu des passages sous l'autoroute 17 et des clôtures qui canalisent les animaux vers ces derniers[4]. La commune de Los Angeles a par ailleurs mis en construction le plus grand passage sur autoroute du monde : large de 50 m et entouré de buissons, il devrait permettre aux pumas et à d'autres bêtes de voyager entre les montagnes de Santa Monica et les faubourgs de la ville. Selon Bett Pratt, responsable de la Fédération nationale de la faune sauvage, « si LA peut le faire, alors c'est que c'est faisable partout. Même dans une ville géante, il est possible d'aménager un foyer pour les pumas[5] ».

Les corridors ne concernent pas uniquement la vie sauvage lointaine. Ils sont les conditions de la vie tout court, y compris humaine. Relire l'histoire humaine dans les termes d'une création permanente de passages d'échelles très différentes, de celle de la planète à celle de la distance maison-travail, est aussi instructif que l'étude des migrations de cigognes ou, pour rester dans notre sujet, du comportement territorial des lions de montagne américains. La multiplication planétaire des corridors humains accompagne en effet un processus de civilisation qui valorise le libre-échange et la liberté de circulation des personnes. Mais elle se fait au détriment de ceux dont dépend la biodiversité. Repenser les villes et les manières de se situer sur la Terre d'un point de vue non plus exclusivement humain, mais multiespèces permettrait d'aborder le virage écologique qui conditionne notre avenir à tous.

FACE À UN CHIEN ERRANT

FICHE D'IDENTITÉ

Espèce
chien errant, dit aussi chien des rues, chien semi-sauvage

Habitat
partout dans le monde

Espérance de vie
8 ans

Population
environ 300 millions

Mode d'attaque et de défense
grondements, morsures

Les chiens appartiennent à une espèce qui se situe entre le règne des animaux domestiques et celui des animaux familiers. Le « meilleur compagnon de l'homme » rend toutes sortes de services : gardiennage de troupeau, chasse, attelage de traîneau, sauvetage, détection de produits et, bien sûr, plaisant compagnonnage. Or, malgré cet état de service remarquable, des millions de chiens sont abandonnés par leurs maîtres et livrés à eux-mêmes. Certains sont divagants – ils se déplacent ici et là en attendant de retrouver leur maître –, d'autres errants – sans maître, ils vivent à la manière des animaux opportunistes qui s'accommodent des restes de matériaux et de nourriture humaine –, d'autres encore féraux – comme les dingos en Australie, ils deviennent tout à fait sauvages.
Les chiens errants sont les plus redoutables. Il y en aurait au moins 300 millions dans le monde. Certaines villes, comme Istanbul, Saint-Denis à la Réunion ou Delhi en sont littéralement envahies. Ils y propagent la rage, une maladie qui tue environ 60 000 personnes par an. Dans les villes indiennes évoluent environ 30 millions de chiens errants, dont les morsures rabiques tuent plus de 20 000 personnes par an.

Durant la crise de 2013 à Detroit, des milliers de chiens ont été abandonnés. Cinquante mille auraient été contraints d'abandonner la compagnie humaine, dont leur descendance n'a bien sûr jamais fait l'expérience. Neuf cents personnes auraient été mordues depuis. En Inde, le chien errant est devenu une affaire nationale et l'enjeu de diverses politiques publiques sommées d'affronter la gravité de la situation.

En cas d'attaque

Alors, que faire si d'aventure l'un d'entre eux s'en prend à vous ? En premier lieu, il peut être utile de savoir que même s'il n'a jamais été en contact avec un être humain, un chien errant sait interpréter nos gestes aussi bien qu'un animal familier. Par exemple, entre deux bols de nourriture, il se dirige automatiquement vers celui qu'on lui désigne du doigt[1]. Ses réactions ne sont donc pas fondamentalement différentes de celles de ses congénères de salon. Il faut toutefois rester prudent, car nombreux sont ceux qui ont subi de mauvais traitements de la part des humains dont, par conséquent, ils se méfient.

L'instinct de chasse est bien développé chez les chiens. Fuir en courant à leur approche risque donc de les déterminer à s'engager dans une poursuite dont on a peu de chance de sortir victorieux. Il est capital de ne leur donner aucune occasion de se sentir menacés. Comme souvent avec un animal sauvage, ce qui nous semble être la norme – le choix d'un comportement agressif –, loin de nous protéger, est source de danger. C'est le cas si vous regardez la bête droit dans les yeux, si vous l'affrontez, criez et/ou vous agitez. Vis-à-vis des chiens errants, le plus avisé est d'en faire le moins possible. L'immobilisation est préférable à n'importe quelle autre conduite. Un geste que vous considérez amical, par exemple un don de nourriture ou une caresse, peut être interprété comme une agression. Évitez par ailleurs de sourire, car cela conduirait à montrer vos dents. Si le chien est très agressif, vous devriez vous asseoir, cligner les yeux et faire semblant de pleurer, la bouche fermée bien sûr; ou alors bailler et vous lécher les lèvres, car, dans le langage canin, ce sont là des gestes d'apaisement. S'il est nécessaire de se déplacer, il est recommandé de se mouvoir lentement et calmement, en parlant d'une voix douce et caressante.

Par ailleurs, l'imitation du comportement du chien peut rendre un service appréciable.

Certains spécialistes recommandent par exemple de placer son bras gauche derrière soi et de l'agiter lentement pour imiter les mouvements de la queue. On peut aussi cracher sur sa main droite et la tendre vers le chien afin qu'il puisse renifler à loisir notre odeur. Qu'il avance ou recule, qu'il renifle ou grogne, il convient de s'accorder patiemment à son rythme, surtout sans le presser. Le chien en vient ici à domestiquer l'homme. À l'homme d'étudier le comportement de son adversaire, de l'apaiser, de le flatter, de profiter de son inattention et de saisir l'opportunité d'en découdre. Faute de saisir sa chance le moment venu, la morsure est inévitable.

Apprendre à vivre avec les chiens errants

Les chiens errants sont aussi appelés chiens des rues. C'est dire que leur condition urbaine est prédominante. En général, on les définit comme « n'appartenant à personne » et comme n'ayant plus aucun lien avec un maître. Certains sont fugueurs, comme les chiens de traîneaux en Alaska qui forment ensuite des bandes féroces, mais la plupart ont été abandonnés. Parfois, leur maître est mort ; le plus souvent, il a décidé de mettre fin au compagnonnage. Certains de ces chiens livrés à eux-mêmes continuent de dépendre des soins que des humains leur prodiguent, y compris dans les fourrières où, quand ils ne sont pas euthanasiés, ils sont vaccinés, soignés, nourris ; d'autres, qui n'ont plus besoin d'eux pour survivre, retournent à la vie sauvage, par « marronage » ou « féralisation ». C'est le cas, outre des dingos d'Australie déjà cités, des chiens chanteurs de Nouvelle-Guinée qui, depuis des siècles, forment de grandes meutes autonomes.

La coexistence avec les chiens errants appelle deux attitudes. La première est de ne pas les confondre avec les animaux familiers que nous connaissons bien. Chez eux, le sauvage l'emporte largement. Leur comportement social n'est plus ajusté aux interactions avec les humains, mais dépend de leurs relations avec les membres d'une meute dont l'homme n'est certainement plus le chef. Il convient donc de garder ses distances et de filer doux sans essayer d'établir le moindre contact avec eux. Beaucoup sont mordus parce qu'ils manquent de discernement en voulant secourir un chien errant, l'adopter ou simplement établir avec lui la relation homme-chien à laquelle ils sont habitués. Prendre acte du sauvage, c'est faire un pas de côté en acceptant de ne plus se voir comme acceptable et familier, voire dominant, dans le regard de l'autre. Une telle attitude peut rendre bien des services, ici comme ailleurs. Quant à la seconde attitude, elle consiste à s'occuper du chien qu'on a adopté jusqu'à sa mort. Le phénomène mondial du chien errant est révélateur d'un rapport instrumental aux êtres vivants dont on croit pouvoir disposer à sa guise. Si les chiens errants sont si nombreux, c'est en raison de l'abandon massif dont sont victimes les animaux de compagnie. Par exemple, en France, ce sont 100 000 animaux de compagnie qui sont abandonnés chaque année. En Roumanie, leur nombre élevé serait lié à l'interdiction de posséder des animaux familiers, décrétée par le dictateur Ceausescu dans les années 1980. Il se trouverait environ 60 000 chiens errants rien qu'à Bucarest, dont certains sont sauvés au mépris de toute précaution et beaucoup d'autres exterminés dans des conditions « barbares », selon la présidente de l'association animaliste Mukitza[2]. Le problème du chien errant reste donc entier.

Petite philosophie du chien errant : vers la désacralisation de l'Homme

Les cas d'attaque déterminent des gestes forts des pouvoirs publics, qui ont tendance à montrer leurs muscles. Ce faisant, ils défendent une vision anthropocentrique qui accorde à l'humain un statut spécial dont la violation par un coup de dent n'est pas tolérable. Voilà que celui qui fut le maître incontesté du chien se révèle constitué de chair et d'os. Sa vulnérabilité face à un animal qui n'a connu ni dressage ni affection humaine le détrône, du moins ponctuellement, de son statut quasi divin. Ce statut est celui qui transparaît dans *Croc-Blanc*. À en croire l'auteur, Jack London, Croc-Blanc perçoit les êtres humains comme « de surprenantes créatures, des êtres de puissance disposant à leur gré de toutes les forces de l'Inconnu. Seigneurs et maîtres de tout ce qui vit et de tout ce qui ne vit pas », ils sont à ses yeux les faiseurs de feu. À de tels dieux, il voue immédiatement obéissance. Il se soumet comme face à une force irrépressible. Il suit « leurs pas comme un esclavage fatal ».

Dans cette image que projette le regard de Croc-Blanc, nous reconnaissons facilement les traits que les humains, ou plutôt certains d'entre eux, s'attribuent à eux-mêmes de manière à la fois anthropocentrique et flatteuse. Mais la réalité est tout autre. Face aux chiens errants, la statue humaine est déboulonnée. Finalement, Jack London lui-même s'autorise à imaginer un chien transgressif capable de ravaler le prétendu dieu humain à un animal comme les autres. C'est ce que suggère le passage suivant : « Ce dieu-là se tient debout, immuable sur ses deux jambes de derrière, un gourdin à la main, immensément puissant, livré à toutes les passions, affectueux ou irrité selon le moment, pouvoir mystérieux enveloppé de chair, de chair qui saigne parfois à l'instar de celle des autres animaux, et qui est alors plus savoureuse qu'aucune autre à dévorer[3]. »

FACE À UN OURS

FICHE D'IDENTITÉ

Espèces
8 espèces, dont les ours noirs, blancs, bruns, lippus, à collier

Habitat
Europe, Amérique du Nord et du Sud, Asie

Espérance de vie
25 à 40 ans

Population
environ 200 000 dans le monde

Mode d'attaque et de défense
grognements, coups de patte avant, morsures

Quoi de plus mignon qu'un ours, surtout quand il est petit ? C'est du moins ce que Teddy-Bear, la petite peluche adorée dans le monde entier, nous fait croire. Teddy-Bear, c'est le nom du premier ours en peluche que Richard Steiff et Morris Michtom inventent au même moment, l'un en Allemagne et l'autre aux États-Unis. Tous deux se seraient inspirés d'une même caricature publiée en 1902 dans le *Washington Post*. Elle représentait un président Théodore « Teddy » Roosevelt écœuré, s'opposant à l'abattage d'un petit ours noir, que ses aides avaient capturé et entendaient tuer pour pallier les piètres qualités de chasseur de leur président.

Mais cette représentation qui fait de l'ours le compagnon idéal des enfants est récente. Car durant des millénaires, l'ours a été considéré comme le pire ennemi de l'homme. On l'a imaginé menaçant, monstrueux, possédé du démon, incarnant une divinité redoutable, relié aux parties les plus sombres et primitives de l'âme. Or, confrontés à son retour dans nos montagnes et, surtout, à ses incursions de plus en plus fréquentes dans nos villes, l'image du gentil petit ours reflue au profit d'une réalité avérée : l'ours est un animal dangereux avec lequel il va pourtant falloir apprendre à coexister.

Bien sûr, il y a ours et ours : blanc, brun, noir. Selon les latitudes, les espèces varient. On en compte huit dans le monde. Mais la destruction des espaces naturels est un phénomène planétaire et un peu partout les ours, quels qu'ils soient, luttent ardemment pour leur survie. Or, c'est parfois dans les villes qu'ils trouvent la nourriture qui leur fait trop souvent défaut ailleurs. En février 2019, une petite ville de Novaya Zemlya, qui se trouve dans un archipel russe de l'océan Arctique, a été prise d'assaut par une cinquantaine d'ours blancs affamés. Ces grands carnassiers habituellement solitaires se sont organisés en vue d'un raid collectif. L'état d'urgence a été déclaré. Avant de quitter la ville, les gens se sont barricadés[1]. La question de savoir si quelques exemplaires de l'espèce la plus emblématique de la crise écologique et la plus protégée au monde devraient être abattus a été posée.

Au Japon, face à l'affluence d'ours bruns et d'ours noirs d'Asie dans les zones urbaines, l'épisode cauchemardesque appelé « l'incident de l'ours brun de Sankebetsu » (un grand ours d'Hokkaido qui, en 1915, tua sept personnes) se rappelle douloureusement à la mémoire des deux millions habitants de Sapporo, où croiser un ours n'est pas si rare. Mais Sapporo n'est pas un cas isolé. Récemment, un ours noir a fait irruption dans un centre commercial de la ville de Kaga, où il est resté treize heures avant d'être neutralisé. Au Japon, entre avril et décembre 2020, au moins deux personnes ont été tuées par des ours et cent quarante autres, blessées.

Que ce soit en Roumanie, en Slovénie ou au Canada, les ours vont s'urbanisant, poussés notamment par les années de sécheresse, qui affectent la production de glands, baies et fruits sauvages dont ils se nourrissent. Ces années-là, Ottawa reçoit la visite de dizaines d'ours noirs attirés par les pommes bien mûres dont ils se gavent pour constituer leurs réserves de graisse avant l'hiver. Après quoi ils entrent en hibernation.

Les ours noirs, dont la taille atteint couramment un mètre cinquante, sont plus petits que les blancs, mais tout aussi redoutables[2]. L'ours brun de la variété grizzly mesure quant à lui 2,5 m, pèse 750 kg et court à la vitesse de 65 km/h. Il vit dans le nord de l'Eurasie et de l'Ouest américain. Lui aussi s'invite parfois en ville pour y tenter sa chance. C'est ainsi qu'en janvier 2020, à Aspen, dans le Colorado, un homme s'est retrouvé nez à nez avec un grand grizzly qui avait vidé son frigo après avoir fait effraction dans sa maison. Un simple coup de patte l'a gravement blessé à la tête.

Tous ceux qui ont visité un parc naturel en Roumanie ou dans le Nord-Ouest américain ont pu se familiariser avec les panneaux signalant le danger que présentent les ours et égrainant les recommandations pour éviter les confrontations[3]. Mais en ville, l'équation est différente. Les ours y perdent progressivement leur peur des humains et du béton. À en croire les naturalistes, l'ours qu'on aperçoit une première fois a sans doute commencé ses repérages plusieurs mois auparavant. Il s'est peu à peu adapté à la situation et ne tolère déjà plus d'être dérangé dans son manège. C'est alors que le risque d'attaque augmente.

En cas d'attaque

Dès qu'on aperçoit un ours, il faut impérativement cesser de s'approcher de lui et soit attendre qu'il s'éloigne, soit le contourner largement. Si la distance qui nous sépare de lui est inférieure à 20 m, l'ours peut se croire agressé; lui assurer qu'il ne l'est pas est alors une gageure, surtout si des oursons se trouvent dans les parages. S'il se dresse sur ses pattes arrière, ce n'est pas nécessairement mauvais signe. Peut-être n'est-ce que par curiosité. On peut alors essayer d'envoyer des signaux de paix en parlant d'une voix douce, en reculant lentement, en faisant profil bas, sans le regarder dans les yeux, pour qu'il ne se sente pas menacé.

Avant d'en venir au contact, les ours jouent l'intimidation. C'est un moment dont on peut profiter pour se mettre en sécurité. Voici comment les choses se passent : l'animal commence par grogner ou feuler, puis se précipite sur l'intrus et stoppe net à quelques mètres de lui. Après quoi il s'enfuit, puis revient à la charge à plusieurs reprises. En général, si l'intrus accomplit correctement les gestes d'apaisement (ne pas bouger, parler d'une voix calme, mais ferme, ne pas regarder directement l'ours dans les yeux), les choses en restent là. Mais si l'ours persévère dans son attaque, le plus sûr est de vaporiser du gaz poivré dont les personnes avisées prennent soin de s'équiper, dans la nature comme en ville. Il s'agit d'un aérosol contenant des dérivés de la capsaïcine, autrement dit de l'extrait de piment concentré. Il est efficace dans presque tous les cas, pourvu qu'il soit à portée de main et bien dirigé vers les yeux de l'animal. Les balles, en

revanche, ne stoppent pas l'assaut d'un ours. Blessé, il devient au contraire fou furieux.
À défaut d'aérosol, si l'ours charge, allongez-vous immédiatement au sol soit en position fœtale, soit à plat ventre, les mains croisées sur la nuque, la tête, le cou, pour protéger le mieux possible les parties de votre corps les plus vulnérables. Gardez les jambes écartées pour que l'ours ne puisse pas vous retourner et atteindre la région du ventre. Ensuite, attendez. L'ours viendra vous identifier et constatera que vous ne représentez aucun danger pour lui. Si vous avez affaire à un grizzli, faites le mort pendant au moins vingt minutes avant de vous relever, car ces ours s'attardent longuement pour vérifier que vous êtes définitivement neutralisé.
La confrontation ne devrait pas durer plus de quelques secondes. Si elle s'étend au-delà, c'est que l'ours vous considère non pas comme un danger, mais comme une proie. Il est alors vain de s'enfuir en courant ou de grimper à un arbre. L'ours sera incontestablement meilleur que vous, et votre fuite l'excitera davantage encore. Il n'y a alors plus rien d'autre à faire que de lutter au corps à corps en usant de coups de pied et de poing, en s'armant de tout

ustensile à portée de main et en visant le nez de l'animal, qui est la partie de son corps la plus sensible.

Apprendre à vivre avec les ours

La liste des mesures préventives destinées à diminuer les conflits entre humains et ours est longue. Mais avant tout, il faut savoir que les ours n'attaquent les humains (qui, en règle générale, ne font pas partie de leur menu) que pour deux raisons : l'appétit et la surprise. Rien de pire que de surprendre un ours, surtout s'il est occupé à détacher de ses grosses pattes les petites baies dont il doit ingérer une quantité astronomique afin de constituer ses réserves de graisse pour l'hiver. Or l'ours a une mauvaise vue. Si vous vous situez par rapport à lui contre le vent, il est probable qu'il ne pourra détecter votre odeur de loin et ne prendra conscience de votre présence qu'à la dernière seconde. Alors il sera trop tard, l'offensive sera inévitable. Il importe donc, partout où un risque de rencontre existe, de prendre les devants, y compris dans sa propre maison : faire du bruit en sortant de chez soi ou en marchant, chanter, taper sur des objets sonores, bref, user d'avertissements pour se faire remarquer du plus loin possible, en augmentant le volume là où le milieu est bruyant. Fixer une clochette à son sac est cependant une mauvaise idée, car l'ours pourrait alors vous confondre avec un mouton.

Mais c'est à nouveau au sujet de la nourriture que les précautions s'imposent. Car si les ours sont myopes, ils ont en revanche un odorat cinq cents fois plus développé que celui d'un être humain. C'est dire qu'ils perçoivent les odeurs de nourriture même à travers une cloison fine ou une fenêtre entrouverte. Dans le Colorado ou dans l'île d'Hokkaido, les témoignages de résidents privés des filets de poisson ou de viande qu'ils avaient laissés un instant sur la table de la cuisine abondent. Ceux qui vivent dans des régions à ours doivent donc nettoyer leurs barbecues, placer leurs réserves de nourriture dans des contenants hermétiques, fermer complètement les portes et les fenêtres de leur maison quand ils s'éloignent, supprimer les mangeoires pour les oiseaux et s'équiper de poubelles adaptées. La conception de ces dernières a été facilitée par une observation étonnante de la part de naturalistes de Canmore au Canada : si les ours sont capables de tirer vers eux le couvercle d'un conteneur quelconque en l'agrippant de leurs griffes, ils ne peuvent en revanche le soulever par en dessous, la paume dirigée vers le haut. Il a donc suffi d'incliner les poubelles pour les rendre inviolables.

Certains donnent à manger aux ours, par exemple pour faire un *selfie*. C'est d'une stupidité coupable. Dans certaines villes de Roumanie, du Canada ou du Japon, cet acte est d'ailleurs désormais passible d'une amende. En Californie, nourrir un ours expose à une amende de 1000 dollars et à un an de prison ferme. Il y a une exception à cette interdiction : quand les ours meurent de faim, ce qui est le cas par exemple de certains ours blancs dont l'habitat est en train de fondre, les aider à survivre est une obligation morale. Les Inuits s'y emploient. Ils chassent pour eux des phoques et des morses dont ils déposent les carcasses à des kilomètres de leurs habitations, afin que les ours ne puissent en aucun cas identifier leurs bienfaiteurs.

Petite philosophie de l'ours : vers la reconnaissance du crime environnemental

Vivre « avec » les ours ou à leur contact est exclu. Voisiner avec eux est-il possible ? L'amé-

nagement de la coexistence nécessite une imagination particulièrement fertile, mais elle est nécessaire : supprimer l'animal indésirable, notre vieux réflexe, se heurte ici à une réticence quasi universelle. À certains endroits, les ours sont sacrés. Au Japon, par exemple, l'ethnie Aïnu les vénère et les considère comme leur dieu le plus important[4]. Ailleurs, ce sont toutes les espèces d'ours qui sont protégées, et pas seulement les pandas géants et les ours blancs. Car les ours, ces animaux emblématiques qui suscitent à la fois terreur et pitié, tendent à disparaître. Le fait est que les ours, toutes espèces confondues, ne sont guère plus de un million sur la planète Terre. La population d'ours blancs s'élève à 26 000 individus, et celle des ours bruns, à 200 000. Ils seraient 25 000 en Californie et 52 en France… Autant dire que, rapportée au nombre d'humains ou de sangliers (qui sont deux millions en France), la population d'ours est parfaitement anecdotique.
Ceci étant, en ville, la protection des ours entre en tension avec leur dangerosité effective. Entre préserver les ours que la destruction des milieux naturels par les activités humaines pousse vers les villes, et préserver sa sécurité, c'est la quadrature du cercle. Cela implique de mobiliser

de bonnes connaissances éthologiques, une sensibilité écologique, une vision multiespèce et pluraliste du monde, ainsi qu'une démarche démocratique afin que tout le monde soit, dès son plus jeune âge, impliqué.

À défaut, pour l'instant, de pouvoir ou de vouloir limiter l'étalement des villes, il existe des solutions concrètes afin de maintenir les ours à la distance qui convient (une distance bien plus importante que pour, par exemple, les pumas, qui se nourrissent de proies vivantes et passent leur chemin). C'est ainsi qu'une politique de l'ours tout en finesse voit le jour, notamment au Canada. À Canmore, une ville pionnière en la matière, on repense chacun de ses équipements en fonction non pas des seuls humains, mais des interactions souhaitables entre espèces différentes, dont l'espèce humaine[5]. À cette fin, les habitants procèdent désormais au ramassage systématique des fruits mûrs et même à la suppression des arbres fruitiers au contact des zones habitées. Au Japon, à Karuizawa-machi, dans la préfecture de Nagano, certains jouent la carte de la dissuasion en piégeant les ours trop téméraires qui sont ensuite exposés aux hurlements de chiens excités, puis relâchés dans la nature avec l'espoir qu'ils retiendront la leçon.

Vers Kyoto, les abords des zones urbaines sont systématiquement débroussaillés afin qu'aucun ours ne s'y cache.

Les résidents reconnaissent toutefois qu'il n'y a pas de solution miracle ; pas même celle que semblaient pouvoir apporter d'abominables robots représentant des loups aux yeux rougeoyants capables d'émettre des hurlements à 90 décibels et d'imiter les mouvements de tête d'un prédateur d'ours. La société Ohta Seiki d'Hokkaido a fait breveter son *Monster-Wolf*, dont une centaine d'exemplaires seraient désormais disséminés autour des zones urbaines. Mais il faut avouer, avec un responsable de la mairie de Kyoto, que « nous avons affaire à des animaux sauvages. Tout ce que nous pouvons faire, c'est d'imaginer toutes les options possibles, une par une[6] ».

Face aux ours qu'ils ne peuvent ni tuer ni accueillir, les urbains se heurtent à une limite tangible. En cas d'incident, qui est responsable ? De nombreuses sociétés de défense des animaux sauvages exigent la pénalisation des actes qui, directement ou pas, encouragent les conflits, et tiennent les humains pour entièrement responsables des blessures et dégâts infligés par les ours. À première vue, leurs arguments sont raisonnables. Mais innocenter entièrement l'animal en cause, n'est-ce pas tomber dans l'autre extrême ? Les ours sont-ils interchangeables ? Leur comportement est-il si uniforme et réactif que la moindre capacité d'initiative leur est déniée, ce qui justifierait alors le paternalisme protectionniste auquel il est si fréquent de recourir, y compris en leur donnant « généreusement » à manger ?

En réalité, les ours sont des êtres imprévisibles et tous singuliers. Certains sont timides, d'autres sont téméraires. Si la plupart se comportent de manière attendue, il arrive que certains individus soient en quelque sorte psychotiques, voire tueurs en série, comme le fameux ours de Sankebetsu dont on ignore les motivations jusqu'à aujourd'hui. Selon Caroline Trudeau, biologiste au ministère des Forêts, de la Faune et des Parcs de l'État canadien, « chaque rencontre avec un ours est différente en raison des différentes personnalités des bêtes[7] ».

Au Moyen Âge, les animaux accusés de dommages étaient jugés et, parfois, conduits au gibet. En Californie, ce type d'enquête juridique est en passe de s'imposer face au problème des ours. Les responsabilités ne peuvent être établies *a priori*, mais doivent être assignées avec soin. Par exemple, l'ours qui est entré dans telle maison a-t-il défoncé la porte, cassé les carreaux de la fenêtre, ou la porte était-elle restée ouverte ? Était-ce la première fois ? Si l'habitant peut prouver qu'il avait pris toutes les mesures anti-ours qui s'imposaient, le délinquant est jugé coupable et peut être relocalisé, voire euthanasié s'il a attaqué les habitants. Si en revanche l'habitant a été négligent, alors c'est lui qui est jugé responsable. À lui d'en assumer les coûts et les conséquences.

Discrètement et à petits pas, mais si lourd de conséquences qu'il pourrait provoquer une véritable révolution mentale, surgit le refus d'accorder une priorité absolue au bien-être humain par rapport à celui des animaux. Ce n'est pas parce qu'un ours vous blesse qu'il est nécessairement en tort et mérite la mort. En toile de fond de cette évolution, c'est la question du crime environnemental, ou écocide, qui est en jeu. Ce terme désigne un désastre environnemental dont il est prouvé, au terme d'une enquête judiciaire, qu'il a été provoqué par un ou plusieurs humains. Ici, face au risque d'extinction des espèces concernées, abattre un ours dérangeant alors qu'on a négligé les précautions à prendre pour ne pas l'attirer, ou contribué à créer les conditions qui poussent ces animaux vers les villes, c'est engager sa responsabilité.

FACE À UN ÉLÉPHANT

FICHE D'IDENTITÉ

Espèces
éléphant d'Asie ou indien,
éléphant d'Afrique

Habitat
Asie et Afrique

Espérance de vie
de 50 à 70 ans

Population
entre 35 000 et 45 000 en Asie,
415 000 en Afrique

Mode d'attaque et de défense
coups de trompe, piétinement,
écrasement

Des éléphants sauvages en ville ? Quelle idée ! vous direz-vous. C'est pourtant de plus en plus fréquent. La sécheresse alliée à l'extension des zones d'habitation explique ce phénomène déjà important en Inde, au Sri Lanka et au Zimbabwe. Par contraste avec son cousin captif, apprivoisé, domestiqué, qui servait à l'exploitation forestière et qu'on exhibait dans les villes pour un numéro de cirque, une parade ou un défilé militaire[1], l'éléphant sauvage est l'un des animaux les plus redoutables d'Afrique et d'Asie. Il l'est même beaucoup plus que le requin, le tigre ou le lion. Lourd de 6 tonnes, mais doué d'une extraordinaire mobilité, cet animal à la force phénoménale est incontrôlable quand il s'en prend aux hommes. Les habitants de Kendujhar, en Inde, en ont fait les frais lorsque, le 27 décembre 2020, un troupeau d'une dizaine d'éléphants, grands et petits, a tout saccagé sur son passage : maisons, échoppes, récoltes, véhicules. Les gardes forestiers n'ont rien pu faire et la terreur s'est installée sur la ville.

Au Sri Lanka, en Inde, en Thaïlande, au Bangladesh, la coexistence entre les humains et les éléphants est pourtant ancestrale. Ces animaux, dont la vie est associée à celle de Bouddha, sont couramment adorés, voire déifiés. Dans l'hindouisme, Ganesh, le dieu à la tête d'éléphant, est représenté assis sur un trône de lotus, le ventre dodu, une jambe repliée, l'autre étendue. Il est le plus vénéré de tous les dieux. Défini à bon escient comme le dieu qui supprime les obstacles, on lui prête la sagesse, l'intelligence, l'érudition et la prudence. Si, d'ailleurs, il n'a qu'une seule défense, c'est parce qu'il aurait utilisé l'autre comme crayon pour écrire.

Mais cette image s'effrite : cet animal que l'on présente comme particulièrement intelligent, à qui l'on prête la capacité de raisonner, d'aimer les humains et d'être sensibles aux compliments, se montre sous un jour qui contredit les symboles qui le représentent. En 2019, 120 Sri-Lankais sont morts soit sous des coups de trompe, soit piétinés. En Inde, ce sont environ 500 personnes qui perdent la vie chaque année. Au nord du Botswana, en Afrique australe, le nombre de charges et leur gravité augmentent dans des proportions effrayantes.

Les éléphants n'attaquent pas sans raison. Ils pratiquent l'autodéfense, mais d'une manière systématique et très rigoureuse, en particulier quand leur route est barrée. Quand ils ne peuvent effectuer leurs trajets habituels, à cause notamment de la segmentation de leur territoire ou de sa dégradation, ces animaux, habitués à de longs parcours dont le tracé est immuable, s'égarent, tournent en rond et, fatalement, traversent les agglomérations. Selon les spécialistes, les éléphants ont normalement besoin d'environ 500 km^2 de domaine vital pour trouver la nourriture que réclame leur colossal organisme, soit 250 kg par jour, à quoi s'ajoutent 150 litres d'eau. S'ils sont une cinquantaine de bêtes à traverser une zone urbaine qui se trouve sur leur itinéraire de transhumance et si, en outre, les habitants contrent leur progression en tentant de les éloigner de leur champ, de leur maison ou de leur échoppe, c'est la catastrophe. Les témoignages abondent : tandis que les mastodontes s'approchent, les habitants se rassemblent, agitent les bras, courent dans tous les sens. Les éléphants font alors une halte, leurs oreilles bien déployées. Ils donnent l'impression de peser le pour et le contre. Puis un grand individu se dissocie du troupeau, imprime une torsion à sa trompe, émet éventuellement un barrissement, et c'est le sauve-qui-peut. Un habitant de Sumatra témoigne : « Les éléphants n'aiment pas qu'on les chasse ou qu'on les repousse, alors ils répliquent. Ils reviennent pour se venger et attaquent. »

En cas d'attaque

Avant de charger, un éléphant adopte une attitude caractéristique : il déploie ses oreilles vers l'arrière de sa tête et enroule sa trompe. À ce moment-là, la fuite est un mauvais choix. Il faut au contraire se tenir immobile, bien droit, puis évoluer lentement vers une barrière protectrice, par exemple un rocher ou un gros arbre, et se placer derrière. Ne vous laissez pas tenter par le réflexe de faire le mort : l'éléphant s'agenouille parfois sur le corps à terre et l'écrase.

Lorsqu'on se trouve de nuit dans un véhicule, il est recommandé d'éteindre ses phares (il ne faut surtout pas klaxonner et immobiliser sa voiture), puis de se préparer à en sortir calmement, au cas où la charge deviendrait inévitable : une voiture n'est qu'une petite chose inoffensive pour cet animal, qui a en outre tendance à s'acharner sur sa victime. De nombreuses vidéos montrent un éléphant utilisant ses défenses et son immense front bombé pour secouer un véhicule, le retourner, l'envoyer valdinguer et le cogner contre un arbre ou un mur, après quoi il achève de l'écraser en le piétinant.

Les recommandations concernant les attaques en cours sont assez peu nombreuses. Car à vrai dire, face à ces énormes animaux, le facteur chance est plus déterminant que la ruse, les coups, la fuite (voire la prière) qui, en d'autres occasions, peuvent rendre service. Les facultés perceptives des éléphants sont si différentes des nôtres et si fines qu'il est difficile d'anticiper leur conduite. Par exemple, les éléphants perçoivent les ultrasons et la résonance terrestre jusqu'à plus de 5 km. Ils peuvent singulariser la « voix » de plus de 200 congénères, dont celle d'êtres humains qu'ils sont capables de séparer en groupes linguistiques et d'identifier individuellement.

Apprendre à vivre avec les éléphants

Si l'on est démuni face à une attaque, les stratégies à adopter pour les éviter ne manquent pas. Il faut d'abord savoir que l'éléphant est en général (il y a des exceptions) un animal colérique et rancunier et, qui plus est, doté d'une excellente mémoire. Quiconque le froisse s'expose à des représailles à long terme. Il est connu que les dresseurs et cornacs qui maltraitent leur éléphant pour le dompter finissent souvent par se faire agresser. Il en va de même des cultivateurs qui protègent brutalement leur potager ou des riverains qui tentent le tout pour le tout (pétards, coups de feu, décharges électriques, hurlements) pour repousser les intrus. En Afrique, on sait que lorsque l'on s'approche d'éléphants qui ont subi les méfaits des chasseurs ou des braconniers, on s'expose à des mesures de représailles de leur part. Quoi qu'on fasse pour les maintenir à distance (barrières électrifiées, obstacles, tirs), il est avisé de veiller à ce qu'ils ne puissent faire aucun lien entre le dispositif adopté et la personne qui en est à l'origine. Ils ont en effet la capacité de faire le lien entre l'effet et la cause, d'assigner une responsabilité concernant un préjudice dont ils sont victimes et d'en garder un souvenir intact pour des années. Certes, d'un individu à l'autre, les tempéraments varient. Il existe toutefois des « tests de personnalité » spécialement conçus pour cette espèce et susceptibles de faire émerger des constantes. Par exemple, Martin Seltmann, de l'université de Turku, en Finlande, a conclu avec ses collaborateurs, au terme d'une étude ayant porté sur 250 éléphants, il est vrai domestiques ou captifs, que le trait de caractère qui consiste à « se comporter comme bon leur semble et à devenir agressifs quand ils sont interrompus dans leur activité » est récurrent[2].

Vindicatifs et rancuniers, les éléphants sont aussi portés sur l'alcool. Il faut donc s'abstenir d'en fabriquer et d'en stocker. Car ils y prennent goût dès la première ingestion et reviennent pomper les stocks là où ils se trouvent. Or l'ivresse d'un pachyderme est un spectacle à contempler de loin. Car lorsque ces animaux s'abreuvent qui de vin de palme, qui de bière de riz, leur comportement devient extrême.

Le penchant alcoolique des éléphants est si bien identifié que certains villageois ont dû renoncer à l'alcool auquel ils sont eux-mêmes dépendants afin de ne pas les attirer. C'est le cas à Patna, dans le nord-est de l'Inde, où les éléphants ont pris goût à un alcool fabriqué à partir des fleurs d'un arbre sauvage, le *Madhuca longifolia*, que les gens entreposent chez eux. Quand l'odeur de cet alcool flotte dans la jungle, les éléphants rappliquent. S'ils sont frustrés, ils démolissent les maisons, dévorent les stocks de céréales et piétinent les malchanceux. Ces attaques sont si fréquentes que les autorités déconseillent officiellement aux habitants de conserver de l'alcool chez eux[3].

Petite philosophie de l'éléphant : du tourisme animalier à l'écocide

Le nombre d'éléphants dans le monde est en chute libre. En Thaïlande, où ils étaient cent mille au début du XXe siècle, on en dénombre aujourd'hui moins de cinq mille. En Côte d'Ivoire, ils ne sont plus que trois cents. La protection dont ils jouissent depuis quelque temps pourrait-elle endiguer leur disparition progressive tout en diminuant les conflits avec les humains ? Ce n'est malheureusement pas le cas à l'heure actuelle. Si les éléphants à la dérive, assoiffés ou affamés, privés de leur territoire ou blessés, sont préservés, c'est dans des conditions qui exacerbent leur vindicte à l'égard des humains et préparent le terrain pour des conflits innombrables.

En Thaïlande par exemple, leur préservation passe par leur utilisation comme attraction touristique. Les autorités affirment que grâce au tourisme, les éléphants, qui avaient presque disparu, ont été sauvés. À en croire Vassana Tongsuk, membre du conseil d'administration du camp d'éléphants de Mae Taeng, en Thaïlande, « c'est grâce à l'industrie du tourisme que le nombre d'éléphants augmente, que des milliers d'entre eux vivent maintenant en bonne santé » et qu'ils n'ont plus à « mendier dans les rues[4] ». En vérité, de nombreux articles font surtout état des mauvais traitements qu'ils subissent : parqués dans des espaces trop étroits, dépendants d'apports de nourriture extérieurs, ils sont parfois obligés d'exécuter des numéros de cirque et soumis aux visites incessantes de touristes en jeeps, autorisés par leur guide à leur donner à manger et à monter sur leur dos. La grande mode, ici ou en Inde, est au *selfie* avec un éléphant en arrière-plan, voire enroulé dans une trompe qui risque, selon les autorités qui tentent d'interdire cette pratique, de se transformer en arme fatale.

La docilité apparente des éléphants vis-à-vis des touristes est liée à un rituel pratiqué en Inde, au Myanmar et en Thaïlande, et qui est destiné à « briser l'esprit » de l'animal. Ce rituel, appelé *« phajaan »*, consiste à enfermer un jeune et à l'entraver pendant plusieurs jours dans une cage étroite tout en le frappant aux endroits les plus sensibles, jusqu'à ce que « son esprit se dissocie de son corps ». Selon des observateurs, en Thaïlande, la moitié des jeunes éléphants mourraient durant le dressage. Parmi les survivants, un grand nombre deviendraient fous ou agressifs, causant la mort d'une centaine de dresseurs *(mahout)* par an – mais aussi d'autres personnes ayant la malchance de se trouver sur leur chemin[5].

En dépit d'une évolution vers un « écotourisme responsable » aux conséquences moins dramatiques, on peut dire que le triste sort des éléphants est emblématique du divorce entre le tourisme et la préservation de la nature, dont le mariage avait été proclamé il y a cent cinquante ans, lors de la création des parcs nationaux. On avait pu croire alors que sanctuariser certaines zones en les réservant aux seules activités scientifiques et de loisir serait une bonne solution. Mais le tourisme, cette manière d'être parfaitement artificielle dont la finalité est de se couper des réalités complexes de la vie quotidienne, est à l'humanité ce que le parc naturel, idéalement libéré de toute intervention extérieure, est à la nature. Les éléphants en font les frais. Qu'ils se défendent avec toute l'énergie dont ils sont capables n'est pas étonnant.

FACE À UN RAT

FICHE D'IDENTITÉ

Espèce
rat brun, dit aussi rat d'égout, rat de Norvège ou surmulot

Habitat
partout sauf en Antarctique

Espérance de vie
2 ans

Population
environ 32 millions dans le monde

Mode d'attaque et de défense
morsures, griffures

Le 27 mai 2020, un employé qui opérait dans le métro de New York a été attaqué par une trentaine de rats. Selon les spécialistes, un tel événement est rare. Mais, précisent-ils, de nombreux signalements concernant des rats au comportement anormal leur sont parvenus durant la période du confinement. La raison en est la suivante : les restaurants ayant fermé, les rats ne trouvaient plus rien à manger. Et comme chez tous les mammifères, la faim entraîne un comportement déviant. Ces bêtes que les citadins trouvent immondes, mais à la présence desquelles ils se sont résignés, ne sont plus aussi furtives et invisibles qu'elles l'étaient dans le passé. Autrefois nocturnes, on les voit désormais se promener, tels des pigeons, sur une pelouse ou le long du caniveau, sans faire montre d'aucune crainte, à n'importe quelle heure de la journée. Dans les jardins du Louvre ou dans le forum des Halles à Paris, ils ne se cachent plus. On a pu établir que dans une ville, ils sont en moyenne deux fois plus nombreux que les habitants. On les observe courir en bande à la recherche de miettes de nourriture abandonnées par les touristes. Il faut avouer qu'en croiser une bande donne l'impression d'avoir été transporté dans un monde posthumain.

Ces rats des villes sont appelés rats bruns, ou rats d'égout, ou encore surmulots. Leur pelage est brun, leurs yeux noirs et brillants, leur moustache très sophistiquée, car elle est composée de vibrisses qui en font des surdoués de la détection et de l'orientation. Tandis que leurs cousins les rats noirs mangent essentiellement des graines, ceux des villes, qui sont plus grands et plus agressifs (ce qui a été établi par le grand naturaliste Buffon vers 1750), se nourrissent des restes alimentaires humains, avec une préférence pour la viande, et mangent donc exactement la même chose que nous. On les trouve dans le monde entier, à l'exception des régions polaires, du moins pour l'instant. Excellents nageurs, ils mesurent environ 25 cm sans la queue et pèsent 300 grammes en moyenne. Ce sont de gros mangeurs, qui doivent avaler chaque jour 10 % de leur poids en nourriture, ce qui explique qu'ils puissent s'attaquer à des animaux d'élevage comme les agneaux, les volailles ou les porcelets, voire à l'homme : on recenserait « des cas de morsures sur des enfants, des SDF et, récemment, une personne handicapée n'étant pas en mesure de se défendre[1] ».

Les problèmes que posent les rats bruns ne sont pas essentiellement d'ordre sanitaire, car, contrairement aux rats noirs qui pouvaient propager la peste, ils ne transmettent que rarement des maladies. Leurs morsures, dont 10 % provoquent une infection appelée « la fièvre par morsure de rat », se traitent de manière préventive par une prise d'antibiotiques.

Le problème posé par les rats relève plutôt de la question du voisinage. Où sont les limites ? Quelles sont celles qu'ils sont susceptibles de franchir ? En juillet 2020, à New York, où vivent 2 millions de rats, quand les restaurants ont été autorisés après des mois de fermeture à servir des repas à emporter, les attaques de rats affamés se sont multipliées. Certains convives ont vu des rats grimper sur leurs chaussures ou sur leur table pour chiper l'appétissant contenu de leur assiette[2]. Selon le spécialiste Bobby Corrigan, « les rats sont conçus pour sentir les molécules de tout ce qui est lié à la nourriture. Ils suivent ces molécules alimentaires comme des missiles à tête chercheuse et on sait qu'ils finissent toujours par découvrir leur source[3] ».

Rompus à cet exercice dont rien ne peut longtemps les divertir, ces animaux manifestent un comportement de plus en plus audacieux. Selon un dératiseur situé du côté de Londres, ils ont pris l'habitude d'entrer dans nos maisons, utilisant volontiers les chatières, « rivalisant avec les souris qui sont nos colocataires les plus courants. Les rats rampent dans les égouts et rongent les tuyaux en plastique. Ils peuvent nager dans les cuvettes des toilettes. Il y a une forte demande pour les “clapets” – des ouvertures à sens unique équipées de pointes pour empêcher les rats d’entrer dans les tuyaux d’évacuation tout en laissant, eh bien, les matières s’écouler[4] ».

En cas d'attaque

À la question « arrive-t-il que des gens soient attaqués par des rats ? », la réponse est, hélas, oui. Plus de 15 000 morsures de rats sont signalées chaque année rien qu’aux États-Unis. Cela se produit quand un rat acculé ou poursuivi réagit de manière défensive. Comme il est capable d’effectuer des bonds de 70 cm de hauteur, il peut sauter contre un mur et, de là, au visage de son assaillant. S’il est capturé, il pousse des cris aigus tout en essayant de griffer et de mordre.
Face aux rats, la seule solution consiste à s’agiter, mais cela n’est pas compatible avec certaines situations telles que l’ivresse profonde ou l’effet de drogues, certains handicaps et, bien sûr, le sommeil. Car les rats s’en prennent aux gens qui

dorment. Leurs victimes sont par exemple des personnes mal débarbouillées : les fragments de nourriture qui demeurent sur leur visage ou leurs mains attirent les bêtes qui tentent leur chance. Cela explique aussi les morsures infligées aux bébés, dont la bouche est souvent entourée de régurgitations ou de restes de nourriture. Mais l'immense majorité des attaques de rats concernent des gens pauvres, mal logés ou à la rue. La morsure de rat est un indicateur de la détresse humaine.

Je dois ici préciser qu'il est difficile de trouver des études concernant les relations entre la pauvreté, le logement indigne et les rats. Peut-être s'agit-il d'un sujet tabou. C'est grâce à des travailleurs sociaux que j'ai pris conscience du problème. Les sans-abri, les personnes qui dorment dans les jardins publics, celles qui doivent vivre au milieu des poubelles, les résidents de logements insalubres et de camps de réfugiés, sont presque systématiquement victimes des rats. Quand ces bêtes ne mordent pas, elles s'attaquent aux provisions et grouillent dans les parages. Or, comme en témoigne une étude américaine sur le cas de Baltimore, les rats renvoient une telle image d'abandon et de désolation, inspirent une telle terreur et constituent une telle nuisance qu'ils sont considérés par les résidents comme leur principal tourment, avant la drogue, les maladies, la précarité et la pauvreté. Les psychologues les identifient comme directement responsables de symptômes de dépression telles l'anxiété et la tristesse, voire pire[5]. Quiconque – élu, urbaniste, citoyen ordinaire – est questionné sur le problème du rat d'égout évoque le risque de maladie. Mais la détresse morale est un risque bien plus important, qui n'est pourtant jamais mentionné.

À Baltimore, mais aussi dans certains quartiers de Los Angeles (la Cité des anges, rebaptisée pour l'occasion Cité des poubelles), s'impose une situation de cohabitation forcée qui plonge les résidents dans un cauchemar sans sommeil ; car dormir, c'est s'exposer à des morsures. Ce scénario se reproduit dans la plupart des camps de Roms, par exemple à Fleury-Mérogis, dans l'Essonne. Une dame témoigne du problème : « Les rats prolifèrent. Le soir, ils s'approchent de nous, on les entend partout. Ils mangent nos rares provisions. Récemment, un rat est venu sur mon fils pendant qu'il dormait[6]. » Au sujet du camp de 7 300 migrants situé sur l'île de Lesbos, où les conditions de vie sont « inhumaines », un médecin témoigne en décembre 2020 qu'il a dû vacciner et soigner des dizaines de bébés pour des morsures de rats[7] : « Aucune vie humaine ne devrait commencer de cette façon », déclare-t-il. Et dans un film de la BBC, un reporter britannique donne la parole à des enfants syriens réfugiés dans la vallée de la Bekaa au Liban. Tous ont une histoire de rat à raconter et montrent leurs blessures, qui sur la joue ou la lèvre, qui sur la main ou le bras. Pour tous, l'expérience des rats est un véritable traumatisme. Les rats vivent de la misère. Leur présence témoigne de traitements indignes et d'une condition urbaine dégradée. Pour comprendre le phénomène des rats, il faut être éthologue, mais aussi anthropologue, psychologue et sociologue. La partie qui se joue n'est pas entre eux, les animaux, et nous, les humains, mais entre des groupes humains dont les conditions de vie sont radicalement inégales, les uns ayant tout et les autres, rien.

Apprendre à vivre avec les rats : de la cohabitation malheureuse à la coexistence possible

Les situations dans lesquelles il faut lutter contre un rat décidé à mordre sont pour l'heure trop épisodiques pour donner lieu à des recommandations généralisables. En revanche, les précautions à prendre afin de limiter les risques abondent. Les premières consistent à boucher tous les accès. Sachant qu'un rat peut passer par un trou large de deux centimètres et demi, cela fait beaucoup de travail. Il convient en particulier de vérifier les bouches d'aération, les conduites d'eau, les arrivées de câbles électriques, les lignes de téléphone et les installations de climatisation. Ces trous doivent être scellés avec du ciment auquel on ajoutera du grillage métallique, des tessons de verre ou des grattoirs de fil de cuivre qu'on utilise pour récurer les casseroles. On terminera en calfeutrant les ouvertures, par exemple avec de la mousse isolante, tout en ayant conscience que les rats peuvent ronger ce matériau.

Il faut également s'intéresser de près à l'eau et à la nourriture, à la proximité immédiate desquelles les rats vivent toujours. Supprimer l'accès aux vivres conduit mécaniquement à limiter la population des rongeurs. Concrètement, il s'agit d'enfermer les restes et les denrées (y compris les graines pour oiseau, les croquettes pour chat, etc.) dans des récipients spécifiques, par exemple dans des boîtes de conserve en métal munies de couvercles hermétiques. Les ordures ménagères doivent être soigneusement enfermées dans des sacs, eux mêmes placés dans les bacs peu avant les heures de collecte. Les mangeoires pour les animaux et les composts artisanaux sont fortement déconseillés. Mieux vaut aussi éliminer les déchets à proximité de son logement, par exemple ceux qui traînent en bas de l'immeuble, dans la cage d'escalier ou autour des poubelles municipales.

Dans la grande ville moderne où les animaux en tout genre pullulent au fur et à mesure que la condition humaine se dégrade, nettoyer devant sa porte devient une nécessité, et ce sans attendre des éventuels services de nettoyage qu'ils fassent un travail dont il est fréquent de penser qu'il est entièrement de leur responsabilité et n'incombe en rien aux habitants eux-mêmes. Cela étant, à l'échelle de la ville, le ramassage des ordures et le nettoyage relèvent des services publics et des politiques publiques globales qui les organisent, les financent et les équipent.

Le rat questionne la gestion urbaine dans toutes ses ramifications. Dans des zones urbaines laissées à l'abandon, mal équipées, jamais nettoyées, des milliers de gens à la rue s'entassent au milieu de rebuts dont ils ne peuvent se débarrasser, tandis que les habitants d'autres quartiers viennent y déposer illégalement leurs ordures. À Skid Row, un quartier central de Los Angeles qui jouxte le « quartier de la mode », environ 40 000 sans-abri vivent dans une sorte de campement qui tient à la fois du bidonville et du camp de réfugiés, au milieu de montagnes d'immondices dont la municipalité ne s'occupe plus, sinon une fois toutes les cinq semaines en moyenne. Le rat a changé la donne : lorsque la municipalité a été prise à partie au sujet de centaines de morsures par les services sociaux envoyés sur place, elle s'est mobilisée, ce qui lui vaut de ramasser environ 14 tonnes de déchets par jour, sans parvenir malgré tout à faire place nette[8].

Petite philosophie du rat : les limites du geste éradicateur

Depuis des siècles, les humains tentent d'éradiquer les rats, sans y parvenir, et ce quels que soient les moyens utilisés. Après la Seconde Guerre mondiale, la recherche d'un poison efficace a connu un pic[9]. Mais les rats ont évolué et ont commencé à se méfier. Ils ont appris à limiter les prises de nourriture empoisonnée pour éviter la dose mortelle. On a pu en outre observer que les rats, qui vivent en bande, tirent les conséquences de la mort de l'un des leurs. Jamais ils ne se jettent sur un aliment inconnu sans avoir fait au préalable un test en mobilisant un ou deux « goûteurs » dont ils observent les réactions et en prennent acte. Depuis, on a opté pour des raticides anticoagulants dont l'effet est progressif, évitant ainsi que les rats puissent en inférer un quelconque principe de précaution : leur sang, qui se fluidifie peu à peu, provoque des hémorragies internes. Mais ce type de poison a été si massivement employé qu'on a pu noter chez les rats le développement d'une résistance d'autant plus inquiétante qu'il n'existe actuellement aucune alternative[10]. Par ailleurs, il provoque aussi de graves effets indésirables sur la faune, notamment sur les oiseaux de proie, les chats, les chiens ou les renards[11]. Et il contribue à la pollution des sols et des eaux que, par ailleurs, nous consommons. Mais il y a plus grave : quand la population de rats diminue, leur taux de reproduction se multiplie par deux au cours des mois suivants. En effet, une diminution de la population de rats réduit la concurrence pour la nourriture et l'accouplement, ce dont les survivants profitent. Éliminer des rats, c'est donc faire de la place pour plus de rats. Les campagnes de dératisation ne font qu'empoisonner un peu plus le monde sans atteindre leur but.

Les rats font apparaître les tares les plus violentes de la ville. S'intéresser à eux, c'est remettre la tentation d'éradication à sa juste place, comme la pièce d'un puzzle représentant un projet avorté de domination du monde, lequel engendre des gens et des êtres de son point de vue superflus et qui n'arrive plus à appliquer aux situations monstrueuses qui lui doivent leur naissance le traitement de contrôle sur lequel il s'est fondé.

FACE À UN MACAQUE

FICHE D'IDENTITÉ

Espèces
22 espèces, dont le macaque crabier ou le macaque à longue queue, le macaque rhésus

Habitat
Asie, Afrique du Nord

Espérance de vie
20 ans

Population
pas de données

Mode d'attaque et de défense
morsures, vol

Dans bien des villes, les macaques posent des problèmes extraordinairement complexes. Ce n'est pas leur taille qui impressionne, mais leur nombre et leur impétuosité. Difficile de ne pas penser aux épisodes les plus sombres de *La Planète des singes* quand on est en butte à l'une de leurs colonies. À Lobpuri, en Thaïlande, des milliers de macaques à longue queue font la loi. Ce sont des singes tribaux de la taille d'un petit chien, au pelage clair et à la voix criarde. Quand ils ne sont pas dans les rues, ils vivent autour du temple Phra Prang Sam Yod, dont ils constituent la principale attraction touristique, et logent dans un cinéma désaffecté dans lequel personne ne peut plus pénétrer. C'est là qu'ils « enterrent » leurs morts. L'absence de touristes, du fait de la pandémie de Covid-19, les a privés de leur première source de nourriture. Ils vont donc se servir ailleurs, et autrement, sans plus attendre de gestes charitables à leur égard. C'est ainsi que les commerçants sont dévalisés. L'un d'eux a même placé sur son étalage des peluches de crocodile et de tête de tigre dans l'espoir de leur faire peur – en vain : les singes ont tôt fait de découvrir la supercherie et reviennent à la charge de plus belle. D'autres commerçants grillagent entièrement l'entrée de leur maison ou

leur cour. Des gens en cage et des singes allant là où bon leur semble : le monde à l'envers, en somme.
À Agra, dans le nord-est de l'Inde, le scénario est identique. Des milliers de macaques, cette fois de l'espèce rhésus, sortent des forêts environnantes et organisent régulièrement des raids pour dérober de la nourriture aux riverains, dont ils « savent » qu'ils ne craignent rien : en effet, le macaque est pour les hindous un animal sacré auquel ils ont l'habitude de donner à manger. Dans la même région, à Shimla, une ville montagnarde de 160000 habitants, et même à New Delhi, les singes affluent à la recherche de morceaux de pizza ou de burgers abandonnés. Une fois les fils électriques arrachés, les voitures désossées, les logements saccagés, ils mordent, opérant en réunion. Dans une vidéo, un certain Nand Lal montre les blessures que viennent de lui infliger des singes en pleine rue : « Je passais devant un groupe de singes quand le mâle dominant m'a attaqué tout à coup ; trois autres s'y sont mis. » Selon une autre victime mordue à la jambe, « les singes arrachent des mains tout ce qu'ils voient. Et s'ils ne trouvent rien, ils mordent ». Certains, comme à Bali, arrachent les objets les plus précieux des passants inattentifs

et négocient leur restitution contre de la nourriture.

Les macaques font l'objet de nombreuses études *in situ* dont l'objectif est d'élaborer, via des « approches de résolution des conflits homme-animal », des solutions aux sérieux problèmes qu'ils posent. Un vaste champ d'études s'est même développé. À la question métaphysique de la nature des relations entre l'Homme et l'Animal en général s'est ainsi substituée l'étude des relations concrètes, à la fois coopératives et conflictuelles, entre deux espèces singulières, en l'occurrence les humains et les macaques à longue queue. Une étude menée à Singapour, par exemple, montre qu'en moyenne, chaque personne entre en contact avec deux singes par heure[1]. Des agressions ont lieu dans 20 % des cas, tandis que les contacts paisibles ne concernent que 2,1 % des cas. Pour autant, ni les touristes ni les riverains ne souhaitent l'éradication des macaques : 87,6 % des gens interrogés pensent qu'il est important de les protéger, mais indispensable de bénéficier aussi de programmes d'éducation dès le primaire pour apprendre à coexister avec cette espèce envahissante.

En cas d'attaque

Les macaques attaquent les humains dans des situations bien précises : pour leur voler la nourriture qu'ils transportent ou en réponse à une provocation. En période de raréfaction des ressources, comme celle que nous traversons actuellement du fait de la pandémie de Covid-19), les conflits augmentent naturellement. Un cycle infernal se met alors en place : les singes affamés deviennent frénétiques et considèrent dès lors comme une agression tout acte destiné à les éloigner des poubelles, à protéger ses biens, à les chasser hors de sa maison ou de sa voiture. Ils ripostent alors en sautant sur les épaules de leur adversaire, épaules qu'ils s'emploient alors à mordre.

Avant d'attaquer, les macaques envoient des avertissements qu'il faut savoir décrypter. Mieux vaut ne pas sous-estimer leur force, qui est environ quatre fois supérieure à la nôtre. Il est recommandé d'étudier leur langage corporel avant de se rendre dans les pays où ils vivent, notamment en Asie du Sud-Est. Lorsqu'un macaque bâille avec exagération, cligne des yeux ou fait ce qui ressemble à un grand sourire, il exprime qu'il se sent menacé. Et s'il montre ses dents, c'est qu'il est prêt à l'attaque. Il convient alors de se débarrasser au plus vite de toute la nourriture que l'on transporte et, sinon, de tendre vers lui ses mains ouvertes pour qu'il comprenne bien qu'elles sont vides. Il ne faut pas partir en courant, car ce serait interprété comme un signe de faiblesse et de soumission susceptible d'exacerber son agressivité, mais affronter tranquillement le fautif en s'affirmant, tout en reculant lentement face à lui, sans pour autant croiser son regard.

Par ailleurs, il se peut que le macaque s'intéresse à quelque chose qui brille ou à ce que vous portez en bandoulière, comme un sac à dos, une gourde ou un appareil photo. Ce qui bringuebale l'excite. Dans ce cas, il faut toujours accepter de lâcher l'objet qu'il a attrapé et ne tâcher de le récupérer qu'après que son intérêt se sera dissipé. Opposer une résistance à un singe qui souhaite examiner vos affaires est l'une des causes les plus courantes de morsure.

Si toutefois le macaque vous assaille, il est préconisé de ne pas paniquer, ne pas crier, ne pas s'agiter, ni tenter de le repousser. Il est possible que l'animal ne cherche qu'à s'affirmer, et non à mordre. Mais s'il le fait, ou s'il griffe, la première chose à faire est de nettoyer immédiatement et pendant quinze minutes d'affilée la plaie à l'eau et au savon, puis de tâcher de voir au plus vite un médecin qui prescrira sans doute un traitement antirabique post-exposition et des antibiotiques. Car, entre autres nuisances, les macaques ont une bouche infestée de bactéries potentiellement mortelles pour l'homme. Ils sont porteurs de maladies comme la rage et l'herpès virus B. Ils pourraient même être un vecteur des virus Ebola et de la variole du singe. La zoonose est au coin de la rue.

Que faire pour coexister avec les macaques

Malgré le caractère parfois imprévisible des macaques, il est généralement possible d'éviter leurs agressions. Pour ce faire, il est conseillé de porter des vêtements unis, de retirer ses bijoux, tout ce qui brille, si possible ses lunettes, et enfin ses éventuels piercings. Mieux vaut aussi s'attacher les cheveux et laisser son sac à la maison, les macaques ayant pris l'habitude de les fouiller.

Il est très important de garder ses distances, surtout si un mâle alpha est en vue. Ceux-ci sont reconnaissables au fait qu'ils sont plus grands et plus gris que les autres. S'approcher d'un singe pour le photographier ou conquérir son amitié est dangereux. Lui sourire en découvrant ses dents est interprété comme un affront. Il ne faut pas non plus chanter, faire de grands gestes, les taquiner ou les gêner dans leurs mouvements, y compris quand ils s'intéressent à vos affaires. Mieux vaut par ailleurs éviter de prendre une photo de trop près, car les macaques confondent leur image qui se reflète dans la lentille de l'appareil ou qui apparaît sur l'écran avec un autre singe potentiellement dangereux.

Il est surtout déconseillé de transporter de la nourriture dans les zones à singes, à moins qu'elle ne soit extrêmement bien emballée, et bien sûr de leur donner quoi que ce soit à manger. Car cela les habitue à réclamer, puis à se servir. En outre, nourrir un singe sans connaître la hiérarchie qui structure le groupe, c'est en attirer beaucoup d'autres non prévus au programme. En cas d'épuisement de vos ressources, ceux-ci sont portés à croire que vous refusez de les nourrir. Par dépit, jalousie et frustration, ils risquent de vous mordre férocement, en s'y mettant à plusieurs.

À plus long terme, il convient de tout faire pour ne pas entretenir le cercle vicieux suivant : les macaques alimentés par les riverains et les touristes ont de l'énergie à revendre, qu'ils mettent au service de la copulation. Leur reproduction est donc accélérée. Plus leur nombre augmente, plus l'intolérance des riverains s'accroît, et plus les singes deviennent agressifs. Face à cette situation, de nombreuses municipalités organisent des campagnes de stérilisation. Les singes sont piégés dans de grandes cages au fond desquelles sont placés des bananes ou du pain, puis conduits dans des centres spécialisés où ils sont stérilisés. Après quoi ils sont remis en liberté. Mais cette politique antinataliste connaît des limites. Elle se heurte bientôt à la méfiance des macaques dont la faculté d'analyse des situations est impressionnante. L'autre solution souvent adoptée consiste à créer des sanctuaires, ou des zones dans lesquels les macaques seraient prioritaires par rapport aux autres espèces, à commencer par l'espèce humaine. Bref, les conflits diminuent quand les macaques ne sont ni trop nombreux, ni trop proches, ni trop sollicités par les humains.

Petite philosophie du macaque : vers des interactions minimales

La hardiesse des singes et leur proximité en tant qu'espèce avec la nôtre font pencher la balance en faveur d'interactions étroites et intenses, comme celles qui pourraient idéalement s'établir entre les membres d'une grande famille. Cette proximité semble d'autant plus justifiée qu'un processus d'identification est possible : en effet, le mode de vie des macaques urbains évoque fortement celui des humains, non seulement en raison de la complexité de leur vie sociale, mais aussi parce que leur situation en ville peut parfois évoquer celle des gens que le processus de civilisation contemporain laisse sur le côté de la route quand elle ne les met pas simplement au tapis. Ces animaux envahissants, collectifs, mendiants, voleurs, attentistes, transgressifs, nous rappellent continûment la fragilité de la condition humaine. Se dire à certains moments, « je suis un macaque », comme Diogène affirmait « je suis un chien », tout en expliquant que vivre en chien ou vivre en philosophe, c'est tout un, serait faire un pas vers la considération concrète des inégalités existantes.

Cette vision tendanciellement symbiotique et transspéciste est cependant problématique à bien des égards. Les macaques pâtissent de la présence humaine. Bien que relevant clairement des espèces dites opportunistes, ils en subissent plus les inconvénients qu'ils n'en tirent d'avantages. Par exemple, les macaques crabiers de Thaïlande vivaient dans les forêts humides et les mangroves, mais la destruction de leur habitat les a rendus synanthropiques : condamnés à vivre à proximité des humains, ils se déplacent avec eux et profitent tant bien que mal de leurs ressources. Leur dépendance et leur régime alimentaire jouent en leur défaveur. Une étude montre que le rythme et la durée des séances de toilettage qui, chez les macaques, joue un rôle social essentiel, sont fortement perturbés. C'en est fait de l'hygiène, de l'éducation, qui passe par le contact direct entre eux, ainsi que des moments d'apaisement – car le toilettage déclenche des « émotions positives » chez les participants, et même chez ceux qui les regardent faire. En conclusion, écrivent les auteurs de l'étude, « nos résultats soulignent le besoin de zones éloignées de la présence humaine, même pour les espèces hautement adaptables, où elles peuvent s'engager dans des interactions sociales sans perturbation humaine[2] ».

C'est dire que les macaques, qui sont par ailleurs largement exploités pour cueillir des noix de coco, attirer les touristes ou servir de cobayes à l'industrie pharmaceutique, ont beau faire partie du paysage, ils en sont les victimes collatérales. Leur présence n'aboutit à aucune interaction véritable qui pourrait faire naître un échange donnant donnant. Au contraire, les contacts avec les humains sont déséquilibrés, unilatéraux, boiteux. Ils se passent globalement mal. On sait d'ailleurs que dans 90 % des cas, les agressions sont provoquées par le comportement des gens qui, par sympathie ou par haine, les perturbe. Ces animaux capables d'émotions, de calcul, d'empathie, de colère, sont globalement maltraités. Le retournement qui s'ensuit, avec des hordes de singes qui, tout en attaquant les gens, colonisent les villes comme les humains colonisent leur habitat – et les touristes, les destinations à la mode –, est fatal.

FACE À UN SERPENT VENIMEUX

FICHE D'IDENTITÉ

Espèces
600 espèces venimeuses, dont la vipère, le cobra, le serpent brun, le serpent noir à collier rouge, l'élaphe

Habitat
partout sauf en Antarctique, en Islande, en Irlande, au Groenland et en Nouvelle-Zélande

Espérance de vie
jusqu'à 50 ans

Population
pas de données

Mode d'attaque et de défense
sifflements, piqûre venimeuse

Sans doute ne vous attendez-vous pas à trouver des serpents en ville. Il y en a pourtant beaucoup. Sans entrer dans le détail de chaque espèce, je vais privilégier celles qui sont venimeuses. Contrairement à d'autres animaux que le béton exclut de l'existence urbaine, les serpents aiment la chaleur qui s'y accumule. Ils apprécient aussi la fraîcheur des maisons où ils trouvent à foison les fidèles compagnons des hommes que sont les rongeurs, rats et souris dont ils se nourrissent. À Bordeaux, par exemple, les signalements de serpents ont augmenté pendant le confinement, probablement du fait de l'attention nouvelle dont ils ont bénéficié[1]. La couleuvre verte et jaune, l'espèce locale la plus fréquente et dont la taille peut impressionner, se déplace rapidement et passe par le pourtour des rocades et les bordures de jardin pour arriver en ville. Elle est toutefois inoffensive. Ce n'est pas le cas de certaines espèces vivant sous d'autres latitudes : dans les villes indiennes, les serpents venimeux pullulent. Citons la vipère de Russel, l'un des animaux les plus meurtriers de la planète, le bongare indien, un serpent sombre rayé de blanc dont le venin peut tuer une personne en deux heures, et le célèbre cobra à lunette que dressent les charmeurs de serpents. Selon une étude récente, en Inde, environ 1,2 million de personnes auraient succombé à une piqûre de serpent en vingt ans. Ce chiffre impressionnant s'explique par le fait que les zones géographiques où vivent humains et serpents coïncident. En outre, nombreuses sont les personnes qui n'ont pas de chaussures pour protéger leurs pieds, faute d'argent pour en acheter; quant aux injections de sérum antivenimeux qui pourraient les sauver, elles sont trop souvent inaccessibles. En Inde comme d'ailleurs en Afrique, où les victimes se comptent par centaines de milliers, « la crise globale de la morsure de serpent est une maladie de la pauvreté[2] ».

Pour des raisons différentes, les serpents urbains posent également un sérieux problème en Australie. Ils sont nombreux à Brisbane, Melbourne et Sydney, où l'on trouve notamment le serpent le plus venimeux du monde, le « serpent brun », d'une belle couleur luisante unie, le serpent noir à collier rouge, dont les flancs sont orange ou rouge vif, et le serpent tigre, à la couleur variable, connu pour grimper aux arbres afin d'attraper des oisillons dont il se repaît.

Contre toute attente, en Australie, un tiers des morsures et plus de la moitié des rencontres mortelles ont lieu en ville, notamment dans les maisons où les serpents aiment prendre leurs aises. Ces animaux, qui sont ectothermes – ils doivent réguler leur température en fonction de celle du milieu extérieur –, y trouvent les endroits frais et humides que le bush, où la chaleur en été est de plus en plus étouffante, ne leur procure plus. Ils y trouvent aussi des lieux de baignade comme les lavabos, les unités d'air conditionné, les bassins et les gamelles à eau destinées aux animaux familiers. Un habitant de Melbourne a récemment filmé sa découverte, sous une pile de journaux de son salon, d'un long serpent brun couvant une trentaine de ses œufs bien blancs et oblongs. D'autres témoignent de leur rencontre, qui avec un serpent logeant derrière le frigo de sa cuisine, qui avec un locataire installé dans un rouleau de sopalin. Le métier de piégeur de serpents, indispensable pour les déloger, est en pleine expansion. L'Australien Raymond Hoser est l'un d'eux. Et à l'en croire, « les serpents sont maintenant mieux adaptés pour survivre dans les zones fortement perturbées et sont plus abondants qu'ils ne l'ont jamais été dans les zones urbaines[3] ». Quant à M. Sargent, expert agréé par la police depuis 2015 et qui officie à Hong Kong, il explique qu'il a eu à intervenir dans des prisons, des écoles, des supermarchés, un hangar d'aéroport et même une salle de traitement des coronavirus, dont il a extrait un python de 3 mètres de long[4].

En cas d'attaque

Jamais un serpent urbain ne prendra l'initiative d'attaquer un humain, qu'il ne considère pas comme une proie. S'il mord, c'est uniquement parce qu'il est surpris et n'a pas le temps de fuir. Les scènes dramatiques qu'on a pu voir dans des dizaines de films où le criminel utilise un serpent comme une arme, par exemple en le lâchant dans la chambre de sa victime endormie afin qu'elle succombe à une morsure fatale, frappent certes l'imagination, mais ne sont pas réalistes.

Tous les serpents ne font cependant pas preuve d'une égale vigilance. Ceux qui sont à l'affût vous repèrent rapidement et s'éloignent. Mais d'autres sont plutôt nonchalants. Par exemple, le serpent tigre fuit les intrus aussi vite que possible, sauf durant sa période de reproduction où il se laisse plus facilement distraire. S'il se sent menacé, il se redresse, gonfle son cou à la manière d'un cobra, siffle et attaque. Et si la vipère de Russel fait tant de victimes dans les villes indiennes, ce

n'est pas parce qu'elle est plus agressive qu'une autre espèce, c'est parce qu'elle est plus paresseuse. Elle aime rester immobile. Le bruit ne la fait ni s'éloigner ni signaler sa présence. Mais elle mord dès qu'elle se sent en danger.
Parer une attaque de serpent, qui est toujours inattendue et rapide comme l'éclair, relève plus de la chance que de la technique. Le savoir le plus crucial porte en vérité sur les soins à apporter à une morsure envenimée (que l'on distingue des morsures dites « sèches », c'est-à-dire sans injection de venin). En la matière, les préconisations sont précises. La première chose à faire est d'appeler les secours – là où ils existent bien sûr. En France, on composera le 15 ou le 112; en Amérique du Nord, le 911; le 8280 à New Delhi ou le 000 en Australie. En Inde, on prendra en outre la peine de convaincre les très nombreux incrédules que seul le sérum antivenimeux est efficace, tandis que les médecines traditionnelles, la récitation de mantras ou les plantes ayurvédiques ne le sont pas. En attendant les secours, la victime doit rester calme et immobile afin d'éviter que le poison circule plus vite dans son sang. Il convient d'exercer une pression sur la zone mordue, en recourant si c'est possible à un bandage bien serré, et d'ôter tout

ce qui pourrait entraver son gonflement comme une chaussure, un bracelet ou une bague. Il ne faut ni nettoyer la plaie (car les résidus de venins sont utiles pour identifier le serpent responsable et inoculer le sérum adapté) ni la garrotter ou l'élargir, ni chercher à aspirer le venin. Parfois, il est nécessaire de pratiquer un massage cardiaque ou d'administrer à une victime allergique le traitement qu'elle transporte habituellement avec elle si elle se sait allergique.

Apprendre à vivre avec les serpents

Les serpents fuyant les interactions avec les humains et ces derniers ne recherchant pas non plus leur compagnie, signaler sa présence reste le meilleur moyen d'éviter les rencontres inopinées, par exemple en faisant du bruit en marchant. Comme la lumière les fait également fuir, il est bon de s'équiper la nuit d'une torche au faisceau puissant dont on balaiera largement la zone à traverser. Si la rencontre se produit à l'intérieur, il ne faut surtout pas chercher à attraper ou à tuer le serpent – qui est d'ailleurs, dans de nombreux pays, un animal protégé –, mais reculer d'un mètre cinquante pour qu'il ne se sente pas en danger et puisse s'éloigner tranquillement. En France comme ailleurs, il existe des brigades bénévoles de piégeurs de serpents et un service « SOS Serpents » qui sauront vous rassurer, vous expliquer quoi faire et ne pas faire, et déloger l'intrus si besoin est. En extérieur, il est recommandé de se chausser et de porter des pantalons ou des bottes, de se munir d'un bâton pour fouetter les herbes, de vérifier quand on enfile un vêtement qu'un animal ne s'y est pas logé et de ne pas glisser les mains dans les trous ou sous les pierres.

Petite philosophie du serpent : les méfaits de la zoophobie

Les serpents, souvent comparés aux dragons, sont des voisins peu appréciés et fréquemment diabolisés. Selon l'anthropologue Lynne Isbell, la hantise du serpent ferait structurellement partie de notre inconscient le plus profond : les serpents, qui auraient été durant des millions d'années les prédateurs les plus significatifs des primates, auraient exercé une pression évolutionnaire spécifique[5]. Selon une discipline assez récente appelée la psychologie évolutionniste, le cerveau, qui, comme les autres organes, est le fruit de l'évolution, serait doté d'un « module de détection de serpents ». On pourrait rendre compte de comportements phobiques en faisant référence à notre passé ancestral. Telle serait l'explication de l'aversion plurimillénaire dont ils font l'objet. Comme ils sont universellement et spontanément associés à une image de danger et de mort, ils justifient l'usage d'un terme spécifique : l'ophiophobie, parfois dite ophidiophobie[6].

Le serpent perfide qui, dans la Genèse, convainc Ève de manger le fruit de l'arbre interdit et qui, dans le dernier livre du Nouveau Testament, *L'Apocalypse*, est identifié à Satan, ne joue pas en sa faveur. Dans certaines régions chrétiennes du monde, par exemple au Brésil, les serpents sont encore pour cette raison abhorrés et systématiquement exterminés. En France, jusqu'en 1979, date à laquelle ils sont passés sous la protection de la loi, il existait des chasseurs de serpents patentés, dont le tristement célèbre Jean-Baptiste Courtol, qui vécut au XIXe siècle. Il aurait tué au cours de sa vie 40 000 vipères et se serait confectionné un costume composé de la peau d'un millier d'entre elles.

Même dans les cultures et les mythes où les serpents sont associés à la création du monde ou à la connaissance des plantes, une aura de dangerosité et d'inquiétant mystère entoure ces créatures silencieuses, rampantes et parfois mortelles. Dans l'Égypte antique, les serpents étaient les gardiens des tombeaux et des cimetières. Et chez les Étrusques, un démon ailé à la chevelure de serpents emmêlés séjournait dans les tombes et conduisait les morts dans l'autre monde.

Mais la peur des serpents est irrationnelle. Ces émotions négatives, loin d'être protectrices, exposent à un certain nombre de dangers, dont celui d'être mordu. En effet, le phobique panique. Au lieu d'effectuer les bons gestes, il s'agite et s'expose. La phobie, qui a peut-être joué un rôle dans la sélection naturelle, se retourne contre nous. C'est pourquoi la seule bonne solution pour coexister avec ces animaux rampants consiste en des programmes de déconditionnement et d'éducation dès le plus jeune âge, prioritairement à l'école.

L'aversion pour les serpents non seulement nous fait adopter des comportements irrationnels, mais nous nuit aussi indirectement en contribuant, via leur extermination consécutive, aux dérèglements des équilibres naturels. Ces animaux jouent en effet un rôle important dans les écosystèmes. Là où ils sont absents, les rongeurs pullulent. Que ce soit à la campagne, où ils limitent la destruction des récoltes de céréales, ou dans les villes, où ils exercent un contrôle sur la population des souris et des rats, ils devraient être bienvenus. Savez-vous qu'un élaphe *(rat snake)* adulte peut manger 400 rats par an ? En Australie ou en Inde, les serpents contribuent en outre à réguler les populations de batraciens qui, en leur absence, tendent à envahir certaines niches écologiques au détriment d'autres espèces.

Encore une fois, nous péchons par ignorance. Étudier l'histoire des serpents, leur ancienneté dans l'histoire des vivants (ils sont apparus il y a cent trente millions d'années), leur rôle dans les écosystèmes, voilà une bonne manière de libérer les enfants des représentations ancestrales et, d'une manière générale, de « se reconnecter avec la nature locale » (je cite une association australienne de défense des animaux). Quant à M. Sargent, l'expert de Hong Kong, il organise des promenades nocturnes pour former les adultes à la vie des serpents locaux et les mener à la découverte de leur existence fascinante.

La zoophobie, qui nous éloigne des bonnes solutions, joue donc un rôle aussi négatif qu'une excessive biophilie, qui nous pousse à nous attirer les bonnes grâces des animaux sauvages en leur offrant de la nourriture. La recherche de la bonne distance concernant les serpents s'applique à toutes nos interactions avec les bêtes sauvages : comme le disent de nombreuses personnes raisonnables, d'accord pour voisiner avec les serpents et même pour mettre à leur disposition ici et là des tas de pierres ou de branchages, mais qu'ils restent dehors et vivent leur vie. Dans la maison, ils ne sont pas les bienvenus.

FACE À UN COYOTE

FICHE D'IDENTITÉ

Espèce
coyote, dit aussi loup des prairies

Habitat
Amérique du Nord, Amérique centrale jusqu'au Honduras

Espérance de vie
13 ans en moyenne

Population
plusieurs millions

Mode d'attaque et de défense
morsures aux jambes et à la gorge

« Ils sont comme des requins », affirme Kendal, un habitant de Toronto dont le chien vient d'être tué par des coyotes urbains. « Je suis sorti, j'ai essayé de protéger mon chien, puis j'ai senti que les coyotes allaient m'attaquer. Je me suis senti en danger alors que je pèse 113 kg. J'ai dû reculer un peu et ils ont sauté par-dessus la clôture… ils l'ont tué assez vite. » Depuis, Kendall pense que la ville devrait contrôler la population de coyotes et en éradiquer un certain nombre. Il est prêt à prendre lui-même les choses en main et à engager un trappeur à ses frais, de peur qu'un enfant d'une école voisine ne soit la prochaine victime[1].

Les coyotes sont des animaux qui vivent dans les prairies, les zones semi-arides et les régions désertiques qui s'étendent de l'Amérique du Nord jusqu'en Amérique centrale. Ils ont la réputation d'être les animaux les plus bruyants qui soient. Leurs hurlements nocturnes sont en effet impressionnants. Ils s'accompagnent d'un vaste répertoire de jappements, aboiements et autres glapissements. Depuis que les loups ont été éradiqués par les humains, leurs aires de répartition ne cessent de s'agrandir. Elles atteignent les zones urbaines et même les centres-villes. De taille moyenne, leur pelage allant du gris brun au roux, le coyote est un bel animal que les contes folkloriques amérindiens mettent à l'honneur. Il y apparaît tantôt comme un auxiliaire de la création du monde ou un faiseur de feu, tantôt comme un être farceur, astucieux et plein d'humour, sans doute en raison de son intelligence et de son adaptabilité. En revanche, dans l'imaginaire occidental, le coyote est perçu comme lâche et indigne de confiance, dépourvu des qualités attribuées à ses cousins, le noble loup et le chien fidèle. La personnalité que lui a conférée Chuck Jones, le scénariste de la célèbre série de cartoons *Wile E. Coyote and the Road Runner* (*Bip Bip et le coyote* en français) lui colle à la peau. Dans ces dessins animés, Vil Coyote a quelque chose de pitoyable. Sempiternellement victime des farces de Bip Bip, un géocoucou ultrarapide qu'il chasse de manière obsessionnelle, il va d'échec en échec et d'humiliation en humiliation, se blessant lui-même en raison de sa propre incompétence.

Les coyotes urbains d'Amérique du Nord démentent point par point ces représentations négatives. Ils confirment en revanche celles des Amérindiens. Ce qui frappe les spécialistes – qui les étudient avec une grande attention, tant cet animal est emblématique du processus d'apparition d'animaux sauvages urbains –, c'est leur vitesse d'ajustement à la ville qu'ils « colonisent » rapidement. Aux questions concernant les facteurs de leur évolution, les chercheurs répondent que les coyotes urbains sont encore plus curieux, intrépides (c'est leur trait de caractère dominant) et explorateurs que leurs congénères de la campagne[2], déjà fort audacieux. La raison en est non un quelconque changement génétique, mais un changement de trait phénotypique (ou « trait d'histoire de vie » dans le lexique éthologique) en réaction aux attitudes humaines à leur égard : tandis qu'ils sont persécutés dans les campagnes, ils sont plutôt bien accueillis par les habitants des villes qui les considèrent avec bienveillance et souvent déposent de la nourriture à leur attention. Bien qu'ils s'attaquent volontiers aux petits chiens ainsi qu'aux chats qui font aussi partie de leur menu, ils sont bien tolérés. Il en résulte une acclimatation à la présence humaine, la disparition de la peur de l'homme, une tendance à s'aventurer toujours plus loin en terrain inconnu et une agressivité décuplée en cas de frustration. Cela étant, si l'un d'entre eux s'installe face à un chien, ou même face à vous quand vous tentez de l'éloigner, et observe votre manège, ce n'est pas forcément

parce qu'il planifie une attaque, mais parce qu'il est intéressé par le spectacle que vous lui offrez, comme quelqu'un qui regarde la télévision.
Avec l'explosion de leur nombre depuis une vingtaine d'années, les agressions se sont multipliées. Les enfants de moins de 10 ans et les animaux familiers sont les plus exposés à des attaques mortelles. Ce n'est pas le cas des adultes, qui souffrent seulement de morsures nécessitant la plupart du temps quelques points de suture et un vaccin antirabique. En janvier et février 2021, à Vancouver, quinze personnes ont été mordues. L'une des victimes, Brandon Kirk, explique qu'il l'a été alors qu'il courait dans le parc de Stanley : « J'ai senti un pincement sur ma jambe, je me suis retourné, j'ai vu le coyote, et j'ai réalisé que j'avais été mordu. J'ai essayé de l'effrayer, je lui ai crié dessus, j'ai agité les bras et il n'a pas bougé. Il n'avait pas du tout peur de moi[3]. » Face à cette recrudescence, dont les autorités avouent qu'elles ne saisissent pas les causes, il est désormais conseillé de quitter le parc avant 15 heures, heure à laquelle les coyotes entrent en activité. Des scènes similaires se sont déroulées à Los Angeles, Chicago, Toronto, où les services dédiés ont reçu plusieurs centaines de signalements pour la seule année 2020.

Les problèmes que posent les coyotes urbains sont assez graves pour justifier toute une littérature sur le sujet, dont une page sur Wikipédia qui recense toutes les attaques depuis trente ans. Il existe une association baptisée Urban Coyote Research Project, qui prodigue de nombreuses informations sur la position à tenir face à un coyote, ou encore un « plan de gestion » fort détaillé émis par la ville de Montréal[4]. Ce dernier commence par ces lignes : « À la suite d'incidents impliquant des coyotes survenus en juin 2017 dans les arrondissements centraux d'Ahuntsic-Cartierville et de Villeray-Saint-Michel-Parc-Extension, la ville de Montréal a mis en place un comité de concertation pour coordonner la mise en œuvre d'une série d'actions favorisant la coexistence avec le coyote en milieu urbain. » On ne saurait mieux dire.

En cas d'attaque

En général, les coyotes ne sont pas agressifs. Mais il peut leur arriver de l'être. Savoir identifier le risque d'être mordu est alors important. Selon le « plan de gestion » montréalais, un coyote peut être « problématique » (perte de crainte, agression) ou simplement agressif :

c'est le cas s'il « s'approche d'un humain ou d'un animal domestique et grogne, montre les dents ou fait des mouvements brusques vers la personne ou l'animal, allant jusqu'à charger, sans toutefois mordre ou blesser ». Il est alors préconisé de ne surtout pas fuir, de protéger sa gorge et ses artères que le coyote a pour habitude de viser, et d'adopter une posture de domination, c'est-à-dire de faire face à l'animal tout en se grandissant le plus possible, en agitant les bras au-dessus de sa tête et en faisant le maximum de bruit. Attention cependant : il faut certes crier, mais de la voix la plus basse et la plus autoritaire possible. Une voix aiguë, même forte, sera peu dissuasive. Un sifflet bien sonore dont on aura pris soin de s'équiper dans les zones où les coyotes sont présents peut d'ailleurs rendre de grands services. (Soit dit en passant, l'accroissement du nombre de modèles disponibles sur le marché est un bon indicateur de l'augmentation des risques de conflits avec des animaux sauvages urbains.) Si le coyote ne bat pas en retraite, alors c'est à vous de le faire, mais lentement et en lui faisant toujours face.

Il peut arriver qu'un coyote non pas « simplement agressif » mais « au comportement problématique » se jette sur un chien (qu'il ne faudra pas essayer de délivrer, hélas) ou surgisse de nulle part, attaque sa victime de dos et la morde aux jambes. Ce comportement a aussi été remarqué chez les chacals, dont les agressions sont en augmentation sensible. Dans ce cas, il n'y a plus qu'à panser ses plaies et, comme le recommandent les municipalités canadiennes, à prévenir aussi rapidement que possible les services concernés afin que l'animal coupable soit repéré et, éventuellement, neutralisé.

Apprendre à coexister avec les coyotes

Bien que cela puisse paraître contre-intuitif, la meilleure manière de vivre pacifiquement avec les coyotes, c'est de leur faire peur et de les éloigner. Partout en Amérique du Nord, on diffuse ce message à visée pédagogique : il faut que la vie sauvage reste sauvage *(Keep wild life wild)*. Moins il y a de relations avec les animaux sauvages, mieux cela vaut, à la campagne comme à la ville.
La méthode utilisée en ce qui concerne, entre autres, les coyotes est celle de l'effarouchement *(hazing)*. La curiosité des coyotes, dont les jeunes peuvent être facilement apprivoisés, peut s'avérer un obstacle. Mais s'il y va de la sécurité

de chacun, il y va aussi de la leur. Afin d'effaroucher un coyote, on pourra exécuter les gestes qui viennent d'être mentionnés, tout en y adjoignant l'utilisation d'outils multisensoriels qui agressent tous ses sens. Il se peut que le coyote visé pour la première fois de son existence par la technique de l'effarouchement ne s'éloigne que de quelques pas, puis s'arrête pour nous observer. Dans ce cas, on peut marcher sur lui tout en exécutant des gestes offensifs. Il faut en outre se tenir bien droit, bien en évidence, puis établir un long contact visuel menaçant, tout en vérifiant que le passage est libre pour qu'il puisse fuir. À l'opposé de la tendance qui porte à l'accueillir gentiment, il faut lui signifier fermement qu'il n'est pas le bienvenu – ce qu'il comprend clairement si vous lui jetez des cailloux, de la terre ou des bâtons, si vous faites du tapage en secouant une boîte en métal pleine de pièces de monnaie ou si vous l'arrosez à l'aide d'un pistolet à eau ou d'un tuyau d'arrosage. Viser sa tête est une mauvaise idée, car cela peut exacerber son agressivité.

Avant de vous livrer à ce manège, il faut avoir mis en sécurité les animaux de compagnie, tenir les chiens en laisse et protéger les enfants, à qui on aura pris soin d'enseigner les rudiments exposés ci-dessus. Il est d'ailleurs conseillé d'entraîner les enfants qui vivent dans les zones à coyotes à bien réagir en cas de rencontre intempestive sur le chemin de l'école, en particulier à maintenir avec l'animal un contact visuel tout en reculant lentement et en lui lançant des pierres et des bâtons si besoin est.

Petite philosophie du coyote : vers la coexistence

On ne sait pas vraiment pourquoi les coyotes deviennent urbains. Sans doute trouvent-ils en ville de quoi satisfaire à la fois leur appétit et leur curiosité. Faute de prédateurs – parce qu'ils font partie des espèces protégées et qu'une portée est composée d'environ six petits –, leur population augmente rapidement. Contrairement aux singes ou aux corneilles par exemple, ce n'est cependant pas la saleté, l'insalubrité, une mauvaise gestion des rebuts qui les attirent. Bien qu'ils mangent à l'occasion des fruits et des légumes, leur diète se compose surtout d'animaux vivants, comme les lapins, les oiseaux, les reptiles et, en ville, les rongeurs qu'ils trouvent en abondance. En les éliminant, ils s'intègrent dans l'écosystème urbain à l'équilibre duquel ils participent activement. La question est donc de résoudre l'équation à deux variables que sont, d'un côté, le partage nécessaire d'un espace devenu commun et, de l'autre, la réduction maximale des interactions avec eux, qu'ils ne sollicitent d'ailleurs que si on le leur a appris.

Une telle équation n'est pas inédite. Lors du confinement de mars 2020, nous avons remarqué pour la première fois la présence d'animaux qui, pourtant, vivaient dans les parages depuis fort longtemps. Il existe dans notre environnement urbain des milliers d'êtres, y compris humains, que nous croisons, frôlons, entendons, sans les regarder ni les écouter. Grâce aux habitudes des uns et des autres, il y a quelque chose de spontané dans le partage de l'espace, qui va de l'indifférence complète aux systèmes de civilités conventionnelles que Goffman a analysées avec toute la précision imaginable. Mais, comme le dit ce sociologue, il y a aussi des gaffeurs et des offensés. Le système se grippe. Parfois un conflit émerge, parfois une rencontre heureuse se produit. Puis l'équilibre, il est vrai toujours instable, se rétablit, sans quoi ce serait la guerre de tous contre tous. Comme tout écosystème, il a une certaine résilience.

Les coyotes, qui semblent faire irruption dans la vie urbaine, n'ont à notre égard aucun sentiment particulier. Ils ne viennent ni par amitié ni par envie ou vengeance. L'étonnement que provoque leur apparition ne saurait donc être vécu comme une ouverture psychologique à « l'autre » et au sauvage, sur fond de sentiment d'appartenance à une même grande famille de vivants. De même, chasser les coyotes, les piéger ou les euthanasier, comme certains le souhaitent, conduit non seulement à déséquilibrer l'écosystème en place, mais aussi, comme à l'égard d'autres espèces, à créer des conflits entre les protecteurs des coyotes (ils sont nombreux) et ceux qui souhaitent les éradiquer. Ce que nous apprennent les guides de conduite et les plans de gestion, dont le but est de « sensibiliser les publics par la diffusion de connaissances et par la promotion des comportements adéquats [...] tout en se basant sur les meilleures connaissances scientifiques disponibles », c'est d'éviter les rapports ami-ennemi avec les coyotes et de les considérer comme des voisins avec lesquels non pas cohabiter, mais simplement coexister le mieux possible. La balle est donc dans notre camp.

FACE À UN MOUSTIQUE

FICHE D'IDENTITÉ

Espèces
3 500 espèces, dont le moustique tigre, l'anophèle, le *Culex*

Habitat
partout sauf en Antarctique

Espérance de vie
7 jours

Habitat
innombrable

Mode d'attaque
piqûres

Voici qu'entre en scène, pour clore provisoirement ce petit bestiaire urbain, l'inévitable moustique. Cet insecte, dont il existe 3 500 espèces différentes, est apparu il y a 245 millions d'années. Et s'il compte parmi les plus petits des animaux, il en est le plus meurtrier. Comparativement, le nombre de victimes dues aux autres espèces est parfaitement anecdotique. Les moustiques tuent plus de gens en vingt-quatre heures que les requins en cent ans. Ils sont responsables d'un million de morts par an, soit deux fois plus que le nombre de morts dont l'homme, qui arrive en deuxième position dans le palmarès des espèces meurtrières, est responsable.

Ce sont les femelles qui, équipées d'une petite trompe, piquent à qui mieux mieux dès lors qu'elles sont fécondées. Le sang qu'elles pompent chez leur victime est destiné à alimenter leurs œufs en protéines. Quant à leur trompe, elle est composée de plusieurs parties, dont un canal alimentaire pour aspirer le sang et un canal salivaire par lequel la femelle moustique injecte à l'hôte un anticoagulant ainsi qu'un produit anesthésiant. Ce sont ces substances qui causent les démangeaisons. Il n'y a donc pas d'échange de sang entre le piqué et le piqueur

qui ne pourra, par exemple, pas transmettre le virus du SIDA.
En revanche, le moustique est le vecteur de nombreuses maladies parasitaires, virales et bactériennes qu'il inocule par sa salive lorsqu'il passe d'un sujet infecté, dont il conserve les germes plusieurs jours, sans en être affecté, à un sujet sain. Parmi ces maladies, citons la dengue, le chikungunya et le virus Zika, qui sont transmis par le moustique-tigre, dont l'aire de répartition est en passe de devenir mondiale. De la part de l'espèce anophèle, on peut s'attendre à la fièvre jaune, à des encéphalites et à la plus mortelle de toutes les maladies transmises par des moustiques, la malaria ou paludisme. Environ la moitié de la population mondiale est exposée au risque de contracter cette maladie. Une large majorité des victimes se trouve en Afrique subsaharienne, après quoi arrivent l'Asie du Sud-Est et la Méditerranée orientale. Certaines zones du Pacifique occidental et des Amériques sont également touchées. En 2019, on a estimé à 229 millions le nombre de cas de paludisme dans le monde et à environ 400 000 le nombre de décès liés à cette fièvre, dont une majorité de petits enfants, de femmes enceintes et de personnes âgées.

Si la cohabitation avec les moustiques n'est pas souhaitable, la coexistence avec eux est donc également problématique. Alors, que faire ?

Comment éviter les piqûres de moustiques ?

Bien que le moustique soit un problème planétaire, hormis dans les zones glaciaires, il existe un certain nombre de solutions individuelles pour se mettre quelque peu à l'abri. Tout d'abord, face aux moustiques, nous ne sommes pas égaux : certaines personnes sont extrêmement appréciées d'eux tandis que d'autres le sont si peu qu'elles peuvent même déclencher des réactions d'évitement. Il a souvent été affirmé que les individus à la peau sèche et du groupe sanguin A, par exemple, disposaient d'un sérieux atout par rapport à ceux du groupe O, qui seraient deux fois plus attirants, ou aux gens qui transpirent beaucoup. En fait, selon d'autres observations, ce ne serait pas le cas ; il faut donc admettre que les préférences des moustiques reposent sur des causes inconnues.

Ce que l'on sait, c'est qu'ils repèrent leur proie par l'intermédiaire de la perception olfactive du dioxyde de carbone qu'elle rejette, mais aussi de la transpiration, de la chaleur et de l'odeur de la peau, notamment de ses composants en ammoniaque, acide lactique, sulcatone et acétone. À ces perceptions qui leur permettent de repérer une cible à 35 mètres s'ajoutent des perceptions visuelles grâce auxquelles la zone à piquer est localisée. L'action des moustiques est donc complexe et multifactorielle, ce qui rend les parades difficiles à trouver. Aucune n'est efficace à 100 %. Face au moustique, il n'y a pas de solution parfaite, mais une industrie extrêmement polluante qui rapporte gros et une myriade de préconisations plus ou moins farfelues qui rappellent, en raison de l'association étroite entre leur inefficacité matérielle et le réconfort psychologique qu'elles procurent, les conseils destinés à « lutter contre le vieillissement ».

Quoi qu'il en soit, voici à l'échelle de l'individu les conseils les plus récurrents selon mon enquête : il faut d'abord se faire aussi peu odorant que possible et pour cela, éviter les parfums floraux et fruités qui rappellent aux moustiques le nectar des fleurs dont ils se nourrissent. Cela implique d'opter pour des produits olfactivement neutres en se séparant des substances odorantes que sont le shampoing, le savon, la crème à raser, l'après-rasage, le parfum,

le déodorant, la crème pour les mains, ainsi que la lessive parfumée et l'assouplissant.
À l'extérieur, tout en évitant de sortir aux horaires où les moustiques sont actifs et de se rendre dans les zones humides, il convient d'enfiler des vêtements amples resserrés aux chevilles et aux poignets, couvrants et de couleur claire, les moustiques préférant les tons foncés. Il existe par ailleurs dans le commerce des vêtements au tissage très serré dont les plus performants empêchent les moustiques de piquer. À quoi s'ajoutent désormais des vêtements « nouvelle génération » dont les fibres sont imprégnées de répulsifs présumés non toxiques. Il peut s'agir d'huiles essentielles, dont l'efficacité n'est jamais garantie, ou de « fibres intelligentes » imprégnées de perméthrine, un neurotoxique certifié OEKO-TEX 100, qui serait, selon les annonceurs, « testé dermatologiquement, sans odeur et inoffensif pour l'homme ». En outre, il resterait efficace à 80 % après trente lavages.
Il y a toutefois lieu de signaler que ce produit n'est sans doute pas aussi inoffensif que ne le clament les fabricants. Au Canada, les agences de santé publique affirment que les objets traités à la perméthrine ne doivent jamais être utilisés au contact des enfants, ce qui inclut les

filets antimoustiques avec lesquels ils pourraient interagir. Bizarrement, la toxicité de cette substance, susceptible de provoquer des brûlures et des irritations cutanées, n'a pas encore été évaluée pour les humains. En revanche, il a été établi qu'elle est très toxique pour de nombreux animaux, en particulier pour les chats, qui ne possèdent pas l'enzyme de détoxification idoine, et pour les animaux aquatiques, comme les batraciens et les poissons. Il y a également lieu de signaler qu'à trop faibles doses, la perméthrine est susceptible de provoquer unc amélioration de la fécondité des moustiques[1].

Mieux vaut donc tenter de s'enduire de certaines plantes qui ont la réputation d'éloigner les moustiques, comme la citronnelle, la menthe, le basilic, la tomate, le géranium, etc. Mais les résultats sont incertains. Aucun répulsif n'est efficace à 100 %. On pourra aussi tenter de boire du jus de citron, de frotter une gousse d'ail sur sa peau et d'avaler des oignons, des bananes, du vinaigre de pomme, des piments ou encore de la vitamine B1. Concernant l'alcool, certaines « études » concluent à son attractivité, d'autres à son caractère répulsif. Boire de la bière vous rendrait plutôt attirant tandis que boire des alcools forts bien frappés pourrait produire l'effet inverse… Le répulsif dont l'efficacité est la mieux démontrée, contre les moustiques tigres en particulier, est le fameux DEET (N,N-Diethyl-m-toluamide), mais il s'agit d'un produit neurotoxique, fortement déconseillé chez les femmes enceintes et les enfants de moins de 6 mois.

Il est heureux que les études les plus convaincantes soient aussi les plus écologiques et les plus susceptibles de nous disposer à une certaine considération pour nos ennemis les moustiques. Elles concluent aux effets marqués de leur éducation. Les moustiques apprennent des situations et s'ajustent en conséquence. Par exemple, eux qui détestent les perturbations mécaniques et les vibrations de l'air associent rapidement une personne dont l'odeur les attire et les mouvements qu'elle fait pour les chasser. Le réflexe est pavlovien, les moustiques tendant à éviter l'odeur particulière qu'ils associent à l'inconfort produit. Que vous parveniez à les écraser ou non, le résultat est similaire, du moins durant environ vingt-quatre heures – durée au-delà de laquelle ils oublieront ce qu'ils ont appris. Ainsi, conclut une étude parue dans *Current Biology* : « S'agiter met en place un bouclier autour de vous, vous rendant invisible, un peu comme l'appareil de camouflage romulien dans *Star Trek*[2]. »

Apprendre à vivre malgré les moustiques

En vertu du réchauffement climatique et de la prolifération subséquente des insectes, le marché de la lutte contre les moustiques est l'un des plus florissants qui soit. Selon l'agence de marketing américaine MGK, il s'agit d'une niche juteuse que 80 % des investisseurs jugent promise à un bel avenir[3]. La production d'insecticides bat son plein, tandis que les recherches portant sur des manipulations génétiques destinées à stériliser les femelles ou à les rendre incapables de transmettre les maladies mobilisent d'immenses laboratoires[4]. Le moustique transgénique sera peut-être LA solution, mais il n'est pas encore au rendez-vous.

À côté de cette artillerie lourde, il existe des solutions durables à la portée de beaucoup de monde, qui consistent à créer des barrières physiques entre eux et nous. En guise de première ligne de défense, on devrait trouver un article vieux comme le monde, la moustiquaire, aux portes et aux fenêtres des habitations, autour des lits et des poussettes[5]. En France, l'absence de moustiquaires dans les programmes de construction de logements neufs (sans parler des programmes de réhabilitation) est une telle anomalie qu'il y a lieu de se demander s'il ne faudrait pas y voir l'expression d'une complicité occulte entre les constructeurs et les entreprises productrices de produits antimoustiques.

La ventilation des pièces à risque est également d'une efficacité avérée. Comme les moustiques détestent le vent et l'air frais, provoquer un courant d'air ou faire fonctionner un petit ventilateur suffit à les faire fuir. À l'extérieur, la meilleure solution est d'éliminer autant que possible leur habitat en se débarrassant de l'eau stagnante dans des récipients tels que les gouttières, les dessous de pots, les déchets, les bambous sectionnés, les seaux. Les mares et bassins ne sont pas recommandés. La suppression de ces « gîtes larvaires » représente le moyen le plus efficace pour diminuer leur densité à proximité.

Petite philosophie du moustique : les bienfaits des gestes traditionnels

Le moustique a toujours été un problème de premier plan. Comme en atteste sa responsabilité dans la mort prématurée d'illustres personnages tels Alexandre le Grand, Dante Alighieri, Charles Quint, le Caravage, Cromwell, etc., son histoire et celle des hommes sont étroitement reliées. Et bien que la relation entre ses piqûres et le paludisme n'ait été scientifiquement établie que dans les années 1890, il a précocement été identifié comme vecteur de maladies. De nombreuses occurrences très anciennes qui l'associent aux « miasmes », c'est-à-dire à des sortes d'esprits ou d'effluves émanant des eaux stagnantes, en témoignent. Les « pestilences » des marais ont donné le mot « malaria » qui signifie la maladie du « mal air ». Marais en latin se dit *palus*, d'où le mot « paludisme ». Dans la haute Antiquité, les Égyptiens avaient remarqué la relation étroite entre les épidémies de fièvre et la saison pluvieuse propice à la prolifération des moustiques. Et Hippocrate avait établi un lien entre les moustiques, les marais et les fièvres, recommandant de ne jamais bâtir à proximité des zones marécageuses.

La guerre a donc été déclarée aux moustiques il y a des milliers d'années. Mais il est ironique de constater que malgré les inventions, les technosciences, la chimie, la génétique, et bien d'autres sciences aux résultats spectaculaires, cette guerre a été perdue. Les moustiques sont aujourd'hui plus nombreux que jamais, tandis que le nombre de malades et de morts dont ils sont responsables augmente proportionnellement à la taille de la population humaine mondiale.

Il y a plusieurs raisons à cela : la première est liée au dérèglement climatique. En raison de l'accroissement des températures et des précipitations extrêmes, des régions autrefois épargnées ne le sont plus. Le taux de fécondité et de survie des moustiques explose, ce qui a pour conséquence d'accélérer la transmission des pathogènes dont ils sont les vecteurs. On craint qu'en été, dans certaines zones tempérées, les conditions de températures et d'humidité deviennent aussi favorables pour les moustiques que sous les tropiques, et que le paludisme – qui menace aujourd'hui la Corse par exemple ! –, ou le chikungunya, qui sévissait dans les forêts humides du Sud-Est asiatique, y fasse une apparition marquée.

Les transports et les voyages rapides sont une deuxième cause notable : en quelques semaines, une épidémie est susceptible de se répandre dans le monde entier par l'intermédiaire des moustiques, ces passagers clandestins que la pulvérisation systématique d'insecticide dans les avions ne parvient pas à éradiquer[6]. Comme les œufs de nombreuses espèces de moustiques résistent les uns au froid et les autres à la sécheresse, attendant le moment opportun pour se développer (c'est ce qu'on appelle la diapause), leur souplesse d'adaptation à de nouvelles conditions, notamment urbaines, est étonnante.

C'est là une troisième raison : les moustiques adorent les villes, en particulier les « hypervilles » vers lesquelles affluent les laissés-pour-compte en tout genre et qui sont vouées à accueillir 70 % des humains à l'horizon 2050, selon les prévisions. On voit se démultiplier banlieues, campements, bidonvilles et autres logements de fortune dans des zones dépourvues d'infrastructures sanitaires. Les moustiques, en particulier ceux du groupe d'espèces dit *Culex pipiens*, jouissent alors d'un environnement inhumain pour nous, mais parfait pour eux, constitué d'eaux usées non traitées, de piles de déchets, de conteneurs à l'abandon, de flaques d'eau stagnante faute de système d'évacuation, de caniveaux effondrés, de puisards et de latrines à ciel ouvert, etc.

Finalement, les moustiques ont la regrettable capacité à résister à tous les traitements chimiques qu'on leur inflige. Par exemple, la résistance des anophèles porteurs de la malaria aux insecticides est apparue dès 1950, avant même que soit lancé un programme mondial d'éradication qui a donc échoué. Depuis, les résistances aux insecticides se multiplient à grande vitesse. La découverte de produits biologiques prometteurs ou l'utilisation de prédateurs naturels comme certaines espèces de poissons n'ont pas apporté la solution dont le bien-être et la santé de millions de gens dépendent[7].

Tandis que les moustiques tirent parti des activités humaines qui polluent les sols, défrichent les forêts, réchauffent le climat et détruisent la biodiversité, les bonnes vieilles techniques restent au fond des tiroirs. Retrouver l'art de la moustiquaire dont les premières réalisations datent de l'Égypte antique et supprimer les collections d'eau stagnante dans tous les ustensiles imaginables (ce qui était obligatoire sous peine d'amende jusque dans les années 1930) pourraient rendre des services bien plus appréciables que ce qu'on imagine. Ce serait en tout cas l'occasion de mettre à nouveau en cause l'idéologie d'un contrôle de la nature dont les désordres écologiques actuels sont le résultat et dont les moustiques montrent clairement l'échec massif.

LE MOT DE LA FIN

Envisager les relations avec les animaux en ayant à l'esprit le risque de subir une attaque permet de comprendre beaucoup de choses. L'image d'un paradis où les humains, les loups et les moutons entretiennent des rapports pacifiques s'efface. À la place s'impose un tableau dans lequel chaque espèce et même chaque individu s'ajuste plus ou moins à l'existence des autres.

Les animaux produisent un environnement dont certains aspects se révèlent être, pour nous humains, des chances, et d'autres des fléaux. Les choses sont ainsi faites : le milieu est nécessairement commun à des pluralités d'espèces qui vivent tantôt aux dépens les unes des autres, tantôt en relative symbiose. Tiraillés entre notre besoin de sécurité et notre répugnance à tuer les animaux dérangeants, nous revoyons notre attitude. Une fois le poison mortel, le piège infaillible ou le fusil écarté, il reste à acquérir l'intelligence d'une situation dont nous sommes partie prenante.

Contrairement aux relations unilatérales qui sont le fait des croyances centrées sur soi, qu'on appelle l'anthropocentrisme, mais aussi de celles qui confèrent aux animaux des qualités semblables aux nôtres, qu'on appelle animalisme, nos relations avec les animaux sont, qu'on le veuille ou non, des interactions. Comme l'enseigne aussi la Covid-19, ce sont des jeux d'influences et des apports réciproques qui conditionnent la voie dans laquelle s'engage toute évolution. Les animaux sauvages ne sont ni nos amis ni nos ennemis. C'est au titre de simples existants qu'ils sont nos voisins et qu'il nous incombe, en recourant aux stratégies spécifiques à notre espèce, les arts et les enquêtes, de coexister avec eux.

Afin de ne pas osciller sempiternellement entre la détestation et l'amour, il serait donc utile de nous éloigner de nos représentations des bêtes sauvages comme de celles que nous attachons, à tort, à l'espèce humaine en général, pour étudier, concrètement, les enjeux d'une fragile, mais incontournable coexistence. Contribuer à cette évolution de nos représentations, voilà toute l'ambition de ce petit livre.

NOTES

Introduction

1. Val Plumwood, *The Eye of the Crocodile*, ANU Press, 2013. Repris en français dans *Réanimer la nature*, PUF, 2020.

1. John M. Marzluff et Tony Angell, *In the Company of Crows and Ravens*, Yale University Press, 2005.
2. « Man claims crow stalking and attacking him for three years in central India », Newsflare, 1er août 2019.
3. John Metcalfe, « When Crows Attack », *Bloomberg CityLab*, 10 août 2017.
4. Katelyn Verstraten, « Why do crows attack? Expert weighs in on avian dilemma », CTV News, 27 août 2016.

5. Benjamin G. Freeman, Eliot T. Miller « Why do crows attack ravens? The roles of predation threat, resource competition, and social behavior », *The Auk*, vol. 135, n° 4, 3 juillet 2018, p. 857-867.
6. Nurul Ashikin Alias et Halimaton Saadiah Hashim, « House Crow Presence as Unsustainable Urban Indicator? », *International Journal of the Malay World and Civilisation*, vol. 4, n° 2, 2016, p. 59-65.

1. Morgane Kergoat, « Faut-il avoir peur du sanglier ? », *Sciences et Avenir*, 25 novembre 2015.
2. « Gard : le sanglier agressif qui semait la zizanie à Poulx a été mis hors d'état de nuire », *Midi Libre*, 2 novembre 2019.
3. « Sangliers, renards, fouines : Les animaux sauvages débarquent en ville », YouTube, 19 janvier 2017.
4. Laurence Terminet, « How dangerous are wild boar? Notes from France », pyreneanway.com, 27 novembre 2018.
5. Milena Stillfried, Pierre Gras, Konstantin Börner, Frank Göritz, Johanna Painer, Kathleen Röllig, Moritz Wenzler, Heribert Hofer, Sylvia Ortmann et Stephanie Kramer-Schadt, « Secrets of Success in a Landscape of Fear: Urban Wild Boar Adjust Risk Perception and Tolerate Disturbance », *Frontiers in Ecology and Evolution*, vol. 5, 2017.
6. Laurel Chor, « Wild boars make a home amid Hong Kong's high rises and highways », *National Geographic*, 2 avril 2019.

1. « Edwards residents warned after 8-10 mountain lions seen roaming neighborhoods », *The Aspen Times*, 22 février 2019.
2. Voir les travaux de Walter Bradford Cannon.
3. Pour des exemples de réalisations, voir le site « conservationcorridor.org ».
4. « Request for Proposals & Qualifications. Highway 17 Wildlife Passage Structures and Bay Area Ridge Trail Crossing », 5 janvier 2016.
5. Katharine Gammon, « Los Angeles to build world's largest wildlife bridge across 10-lane freeway », *The Guardian*, 21 août 2019.

1. Liz Langley, « Stray dogs have the natural ability to understand human gestures », *National Geographic*, 17 janvier 2020.
2. Jacques Deveaux, « Chiens errants en Roumanie : trafic et cruauté font bon ménage », Franceinfo, 10 avril 2014.
3. Jack London, *Croc-Blanc* (1906).

1. « 2019 mass invasion of Russian polar bears », Wikipedia, février 2021.
2. Justin McCurry, « Warning after four people killed in bear attacks in Japan », *The Guardian*, 13 juin 2016.
3. « Pour des déplacements sécuritaires au pays des ours », Parcs Canada.
4. « Japan contends with record number of bear attacks amid rural depopulation », France 24, 7 décembre 2020.
5. « People and Bears Live in Harmony in This Wildlife-Friendly Town », Short Film Showcase, National Geographic, 15 février 2018.
6. « Intruding bears too much for Japanese towns », *The Seattle Times*, 24 octobre 2010.
7. Jean-Michel Cotnoir, « Plusieurs ours aperçus en milieu urbain en Abitibi-Témiscamingue », Radio-Canada, 30 septembre 2020.

1. James Attlee, *When Elephants Come to Town. A Visual Anthology*, Hannibal Publishing, 2020.
2. Peggy Sastre, « Les éléphantes et les éléphants manifestent (aussi) des différences de personnalité », Slate, 31 mai 2019.
3. Lata Rani, « Elephants' love for liquor takes a heavy toll on human life », *Gulf news*, 2 février 2019.

4. « Thai elephant industry responds to New Zealand media attack », Chiang Mai Citylife, 6 août 2019.
5. Maxime Lambert, « Voilà pourquoi vous ne devez jamais monter sur le dos d'un éléphant si vous voyagez en Asie », maxisciences.com, 28 septembre 2018.

1. Christiane Denys, « Qui est vraiment le rat des villes ? », Le Point.fr, 4 novembre 2017.
2. Oliver Milman, « New York's hungry rats torment alfresco diners after lockdown famine », *The Guardian*, 10 juillet 2020.
3. Amy Pearl, « NYC Rat Complaints Are Down, But Experts Expect That To Change As City Reopens », Gothamist, 5 juillet 2020.
4. Simon Usborne, « Summer of the cannibal rats! Hungry, aggressive, highly fertile – and coming to our homes », *The Guardian*, 29 juin 2020.
5. Danielle German, Carl A. Latkin, « Exposure to Urban Rats as a Community Stressor Among Low-Income Urban Residents », *Journal of Community Psychology*, vol. 44, n° 2, mars 2016.
6. « Les camps roms envahis par les rats », *Le Parisien*, 5 février 2010.
7. German Minister, « Babies in Lesbos migrant camp suffer rat bites », InfoMigrant, 19 décembre 2020.
8. « Trash, Rats and Disease Cover Homeless Encampments in LA », youtube, 10 février 2020.
9. Sur l'histoire des raticides, voir Gabriela Jarzebowska, « Prevention or Poisoning? Dilemmas in Urban Rat Control », *Environment & Society Portal*, Arcadia, n° 24, été 2017.

10. Rapport de l'European Biocidal Products Forum, « Utilisation durable des rodenticides en tant que biocides au sein de l'Union européenne », 2015, p. 11.
11. Marion Jacquot, « Usage des rodenticides anticoagulants et conséquences en termes d'exposition et d'impact pour les populations de renard roux », *Biodiversité et Écologie*, Université de Franche-Comté, 2013.

1. John Chih Mun Sha *et al.*, « Macaque-human interactions and the societal perceptions of macaques in Singapore », *American Journal of Primatology*, vol. 71, n° 10, 2009.
2. Coraline Madec, « Les émotions positives sont contagieuses chez les macaques », *Pour la science*, 23 janvier 2019.

1. Emmanuelle Debur, « Les signalements de serpents ont augmenté à Bordeaux pendant le confinement », *Sud Ouest*, 15 mai 2020.
2. Yahaya Musah, Evans P. K. Ameade, Daniel K. Attuquayefio, Lars H. Holbech, « Epidemiology, ecology and human perceptions of snakebites in a savanna community of northern Ghana », National Library of Medecine, vol 13 n° 8, 1er août 2019.
3. Kat Donaghey, « Snakes in the city: The Australian suburbs with the highest serpent sightings », The New Daily, 5 décembre 2018.

4. Mike Ives, « This Urban Safari Comes With a Warning: Watch Out for Snakes », *The New York Times*, 16 octobre 2020.
5. Lynne A. Isbell, *The Fruit, the Tree, and the Serpent*, Harvard University Press, 2009.
6. Patrick Bonin et Alain Méot, « Pourquoi avons-nous encore peur des serpents ? Apport de la psychologie évolutionniste à la compréhension de certains biais comportementaux », *L'Année psychologique*, vol. 119, n° 3, 2019.

1. « 'They're like sharks': North York man describes coyote attack that claimed dog », CityNews, 4 février 2021.
2. Stewart W. Breck *et al.*, « The intrepid urban coyote: a comparison of bold and exploratory behavior in coyotes from urban and rural environments », *Scientific reports*, vol. 9, n° 1, 2014.
3. Shannon Paterson, « Joggers warned to stay away from Stanley Park after 15th coyote attack », CTV News, 18 février 2021.
4. Plan de gestion rédigé par la ville de Montréal, « La présence du coyote à Montréal », 2018.

1. L. C. Magalhães, R. N. Guedes, E. E. Oliveira et E. S. Tuelher, « Development and reproduction of the predator *Podisus distinctus* exposed to sublethal doses of permethrin », *Neotropical Entomology*, vol. 3, n° 3 , 2002, p. 445-448.
2. Clément Vinauger, Chloé Lahondère, Gabriella H. Wolff, Lauren T. Locke, Jessica E. Liaw, Jay Z. Parrish, Omar S. Akbari, Michael H. Dickinson, Jeffrey A. Riffell, « Modulation of Host Learning in Aedes aegypti Mosquitoes », *Current Biology*, Elsevier, 5 février 2018.
3. MGK, « State of the Mosquito Market Report », 2019.
4. Pour un tour d'horizon, voir Elizabeth Matsangou, « Out for blood: the fight against the planet's deadliest creature », *The New Economy*, 2 décembre 2019.
5. Ada McVean, « Why Mosquitos Bite You and How to Make Them stop », McGill Office for Science and Society, 5 juillet 2019.
6. Frédéric Darriet, *Des moustiques et des hommes*, IRD Éditions, 2017.
7. Jean-Philippe Chippaux, Vincent Robert, Avant-Propos, *Moustiquaires imprégnées et résistance des moustiques aux insecticides*, IRD Éditions, 2007. Voir le chapitre « La résistance des moustiques aux insecticides », *in Des moustiques et des hommes*, *ibid.*

TABLE

Collection
Carnets parallèles

Lise Barnéoud, *Vaccins. Petit guide par temps de covid.*

Olivier Haralambon, *Comment lire des livres qu'on ne comprend pas.*

Graphisme de la collection : Maya Palma
Composition : Céline Jézéquel
Correction : Marie-Édith Chauveau

Achevé d'imprimer en mai 2021 par Corlet — 14110 Condé-en-Normandie
Dépôt légal : avril 2021 — N° d'imprimeur : 21050572 — *Imprimé en France*